5

→ 8 页

6

→ 9 页

7

→ 10 页

8

→ 11 页

13

→ 18 页

14

→ 19 页

15

→ 20 页

16

→ 22 页

21

→ 27 页

22

→ 28 页

23

→ 29 页

24

→ 30 页

●本书编织图中未注明单位的表示长度的数字均以厘米(cm)为单位。
●本书作品用线全部为芭贝线。

腰间系绳可以起到装饰作用，穿着也很清爽。

European

1

hand-knitting

藏青色线、白色线、海军蓝色和金银丝线混合线三种线材色彩对比鲜明，编织清爽的波浪花样马甲。挂针和2针并1针组成的荷叶边花样，增添了几分甜美的感觉，很适合女性穿着。

使用线：Pima Denim、Astro

编织方法：34页

European

2

hand-knitting

用彩色线编织镂空花样套头衫，可以尝试搭配不同的内搭。用连编花片的方法完成前、后身片，然后将胁部和肩部连接在一起。小小的花片，在编织时无须断线也无须缝合，非常方便。

使用线：ricordo

编织方法：37页

European
3
hand-knitting

大领口的无袖毛衫，穿着非常凉爽。可以当作内搭穿在里面，在夏天也可以搭配内搭外穿。

使用线：ricordo
编织方法：45页

European

4

hand-knitting

配色雅致的方形织片连在一起，编织手作感满满的法式袖毛衫。肋部和后身片编织罗纹针，款式修身。

使用线：Cotton Kona

编织方法：42页

两种花样的花片，都以简单的长针为基础。

European
5
hand-knitting

这是一款网眼花样的套头衫。恰到好处的镂空设计，既可以搭配休闲服饰，也可以搭配优雅裙子。使用了棉和真丝混纺的线材，细腻的手感很适合夏季。

使用线：KAKINOSUKE
编织方法：46页

European
6
hand-knitting

这是一款镂空花样的法式袖开衫。夏季，把它当作外搭穿上吧。还可以在天气转凉的时候，当作内搭穿在里面。这是一款利用率很高的毛衫。

使用线：Foch
编织方法：49页

European

7

hand-knitting

下摆的树叶花样设计成了镂空形态，并且在领口设计了一颗纽扣。这款 A 字形中长款开衫，可以很好地遮住腰部多余的肉。鲜亮的红色，穿在身上，可以给人带来活力。

使用线：Arabis

编织方法：53页

European

8

hand-knitting

这是一款优雅的薰衣草色套头衫。前、后身片形状相同，编织成T字形，然后将肩部、衣袖、胁部缝合。雅致的钩编花样和宽阔的袖子，使其通风性很好，穿上会很凉快。

使用线：Cotton Kona Fine
编织方法：56页

European

9

hand-knitting

用 100% 亚麻线钩织变形的方眼花样套头衫。大片的镂空设计，适合搭配吊带和背心裙穿着，给人与众不同的感觉。

使用线：LINEN 100

编织方法：58页

European

10

hand-knitting

将两片长方形织片在肩部缝合，就完成了一件适合夏天穿的斗篷。宽宽松松的款式，可以很好地遮住肉，也适合在空调房穿着保暖。

使用线：LINEN 100

编织方法：**60**页

European
11
hand-knitting

使用亚麻线编织的自然色调的长披肩，把普通的日常服装衬托得富有时尚感。从春天到初秋，都用得上这样一条薄薄的披肩。

使用线：LINEN 100
编织方法：61页

a

和作品a的颜色不同，这里使用了纯洁的白色。在夏日的骄阳下，白色的大披肩显得洁净而优美。重复编织被称为“三位一体”的“3针并1针、1针放3针”编织花样，即可完成。

使用线：LINEN 100
编织方法：61页

b

European
12
hand knitting

用镂空花样编织轻柔的七分袖开衫。简单的开衫，搭配裙子很漂亮，还可以别上喜欢的胸针，看起来很优雅。

使用线 Arabis
编织方法：62页

用枣形针编织扇贝花样的边饰，增添了几分甜美的气息。

Flowers are everywhere,
and you
can feel the happiness of spring.

European

13

hand-knitting

交错布局方眼编织和扇贝花样，编织成这件一粒扣开衫。使用美丽的金丝雀黄色的毛线，编织长度恰到好处的开衫，很容易成为服装搭配的亮点。

使用线：Saint-Gilles

编织方法：65页

European

14

hand-knitting

将亚麻线与和纸线并为1股，钩编成帽子。篱笆花样的帽檐，增加了手作感。使用有弹性的线材，有助于帽子保持优美的造型。

使用线：Leafy、LINEN 100

编织方法：47页

European

15

hand-knitting

富有镂空感的方眼花样组成的魅力背心，前身片从右肩的方形花片开始，向左肩、下摆方向钩织，设计很巧妙。前、后身片形状相同。

使用线：ricordo

编织方法：**70**页

a

这里使用不同的线材编织作品b。很有夏天感觉的镂空花样，带给人丝丝凉爽。可以搭配优美的衬衫、连衣裙等衣服，享受当季的套穿乐趣。

使用线：Astro
编织方法：70页

b

European

16

hand-knitting

使用色彩多样的混合线，编织花样简单、优美的开衫。中长的款式，不挑年龄。

使用线：ricordo
编织方法：72页

European
17
hand-knitting

这款套头衫上，金银丝线隐隐闪烁着光彩。它使用作品11的编织花样进行横向编织，使细密有致的镂空花样流露出新鲜感。

使用线：SILK SPIN LAME
编织方法：74页

European
18
hand-knitting

将圆形的花片扩充成方形，连在一起钩织成挎包。使用了热情洋溢的红色和粉色，就像夏天的太阳一样明媚。日常装束只需加上这款挎包，就会给人耳目一新的感觉。

使用线：Cotton Kona
编织方法：76页

European

19

hand-knitting

将作品18改造成束口袋的款式。非常有现代感的配色，很适合大人。可以放在大包里，也可以在附近购物或散步时拎着。

使用线：Cotton Kona
编织方法：76页

European

20

hand-knitting

使用皮革提手，组合成完成度颇高的单提手包包。包底用短针钩织成圆形，然后向上钩织成桶状，比较牢固。即使沾水，也很容易干燥，质感轻柔，很适合拎着去度假。

使用线：Leafy

编织方法：78页

European

21

hand-knitting

包底用短针钩织成四边形，然后不加、减针地钩织网眼针作为包身。虽然是网眼针，却有很好的稳固性，不容易变形。平着放一些小点心或午餐盒，都很方便。

使用线：Nuvola

编织方法：79页

European
22
hand-knitting

这是一款用连接花片的方法钩织的包包，黄色的花瓣让人想起向日葵。花片使用了蓬松柔软的花式纱线，提手和包口等使用了结实的和纸线。

使用线：Leafy、Nuvola
编织方法：84页

European

23

hand-knitting

改变作品22花片的配色和尺寸，重新编织成可以自由装东西的大包。无论是日常使用，还是度假拎着，都很适合，是一款非常实用的包包。

使用线：Leafy、Nuvola

编织方法：84页

European

24

hand-knitting

将作品 20的设计和使用线材稍加变化，就是本款包包。用长针的正拉针，表现具有立体感的蜂窝花样。包体形状稳定性较好，也适合用作室内收纳包。

使用线：Nuvola

编织方法：82页

European
25
hand-knitting

将1根亚麻线和1根和纸线并为1股，钩织变形的方眼花样托特包。扁平的托特包，在外出时拎着很方便，而且透气性和弹性很好，也适合用来装蔬果。

使用线：LINEN 100、Leafy

编织方法：54页

European
26
hand-knitting

只要会织短针，就可以完成这款包包！扁扁的包包，大小可以装下一般的课本。也可以装一些编织中会用到的物件，当作工作包。

使用线：Nuvola

编织方法：80页

本书用线一览 图片为实物粗细

线名	成分	粗细	色数	规格	线长	用针号数	标准下针编织密度	特征
1 LINEN 100	亚麻 100%	粗	10	40g/团	148m	4~6号	24~25针 31~32行	这是一款非常适合夏天的 100% 亚麻线，手感清爽舒适。颜色总体比较偏向柔和，也有少量颜色鲜明的强调色。棒针、钩针编织皆宜
2 ricordo	人造丝 39% 棉 26% 腈纶 23% 苎麻 6% 亚麻 6%	粗	6	40g/团	125m	4~6号	23~24针 31~32行	它是一种色彩微妙的渐变线，让视觉和触觉都得到愉悦的享受。无论棒针编织还是钩针编织，都可以用它完成轻柔的毛衫。很适合用作夏季线材
3 Saint-Gilles	棉 61% 亚麻 39%	细	12	25g/团	130m	手编机	31~32针 40~41行	棉和亚麻混合捻线，施以丝光工艺，色泽优美。纤细的钩针编织的织片，非常轻薄，给人一种清爽的感觉
4 Arabis	棉 100%	中细	20	40g/团	165m	4~6号	26~27针 32~33行	这是一款细细的纯棉空心带子纱（Lily Yarn），是平面的带子状超扁平毛线。色彩美丽，有光泽，手感清爽，是一款中细线
5 Cotton Kona	棉 100%	粗	25	40g/团	110m	4~6号	25~26针 32~33行	为了让印度棉线容易编织，在纺捻上下了一番功夫，并且施以丝光工艺，让线材更有弹性和光泽。无论是编织毛衣还是小物，这种粗细的线材都很容易编织
6 SILK SPIN LAME	亚麻 53% 真丝 40% 聚酯纤维 7%	细	5	25g/团	125m	3~5号	21~22针 32~33行	将高级家蚕蚕丝和夏季经典亚麻线组合在一起，加入纤细的金银丝线，制成这款高级线材。它带着优雅的光泽，手感轻柔
7 Pima Denim	棉 100%	粗	6	40g/团	135m	3~5号	22~23针 30~31行	给 100% 纯棉线施以特殊的染色工艺，使其呈现出牛仔布的色调。无论是编织毛衣还是小物，这款线材都很合适，是一款适用范围较大的粗毛线
8 Astro	棉 59% 锦纶 20% 腈纶 19% 聚酯纤维 2%	中细	6	25g/团	96m	3~5号	25~26针 30~31行	金银丝线散发着微妙的光泽，仿佛是在夜空中闪耀的星星。棒针、钩针编织皆宜，编织体验很好，而且织出来的作品很漂亮
9 Nuvola	聚酯纤维 100%	中粗	12	50g/团	111m	11~13号	16~17针 22~23行	有弹性，很轻柔，让人想起夏日天空中飘浮的云朵。打湿后很容易晾干，颜色种类丰富，尤其适合编织包包等夏日小物
10 Foch	棉 40% 人造丝 40% 亚麻 20%	粗	9	40g/团	120m	4~6号	23~24针 31~32行	柔软的棉线，有光泽的人造丝线，有弹性的亚麻线，这款线融合了各种材质的优点。很好编织，长时间编织也不会觉得累
11 Cotton Kona Fine	棉 100%	细	25	25g/团	105m	手编机	30~31针 42~43行	这款线的原材料和 Cotton Kona相同，强力搓捻成细线。既可以用钩针编织，也可以用手编机编织，是一款在编织人群中很有人气的夏日线材
12 KAKINOSUKE	棉 80% 真丝 20%	粗	12	40g/团	135m	4~6号	23~24针 30~31行	它是用“柿涩”工艺加工而成的，据说这是一种日本公认的抗菌、除臭效果优秀的工艺。由棉和略带光泽的蚕丝制成，松松地捻合，色调柔和，带着几分怀旧感
13 Leafy	和纸 100%	粗	16	40g/团	170m	11~13号	14~15针 19~20行	这是一款粗和纸线。有一定韧性，颜色种类丰富，这种具有民族风情的段染线，最适合编织包包、帽子等小物

●线的粗细仅作为参考，标准下针编织密度是制造商给的数据。

●此表所列均为常用数据，具体见作品。

作品编织方法

1 | 3页

●**材料** Pima Denim（粗）藏青色（159）115g/3团，白色（200）55g/2团；Astro（中细）海军蓝色和金银丝线混合（507）30g/2团

●**工具** 棒针5号，钩针5/0号

●**成品尺寸** 胸围103cm，肩宽39cm，衣长54.5cm

●**编织密度** 10cm×10cm面积内：编织花样、条纹花样均为22.5针，27行

●**编织要点** **后身片** 手指起针，下摆编织2行起伏针，然后编织62行条纹花样。后面用藏青色线编织。领窝和袖窿编织伏针和立起端头1针减针，肩部休针。**前身片** 起针方法和后身片相同，按照相同方法编织。左右对称编织2片。**组合** 胁部条纹花样部分缝合线使用和条纹相同的颜色，后面用藏青色线缝合。前门襟、领口、袖口做边缘编织。细绳缝在指定位置。

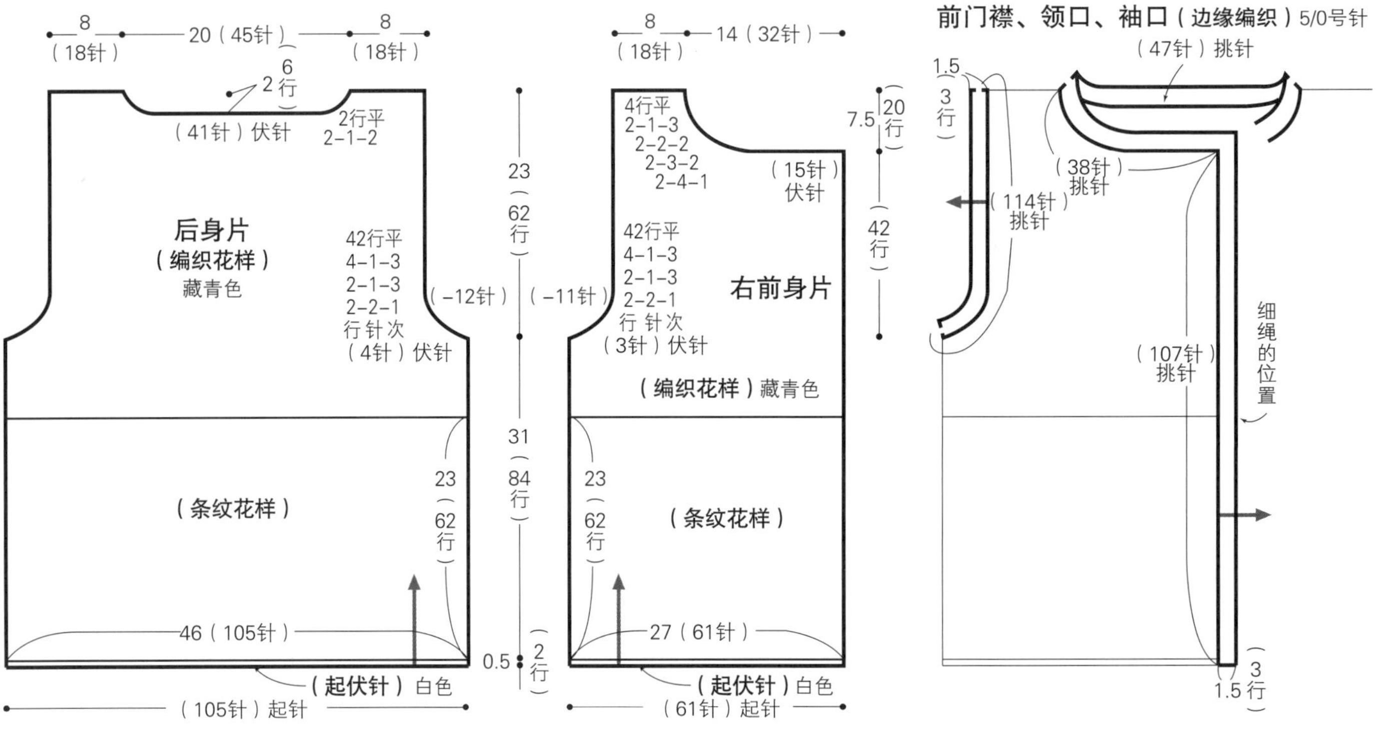

※除指定以外均用5号针编织

※左前身片和右前身片左右对称编织

编织花样

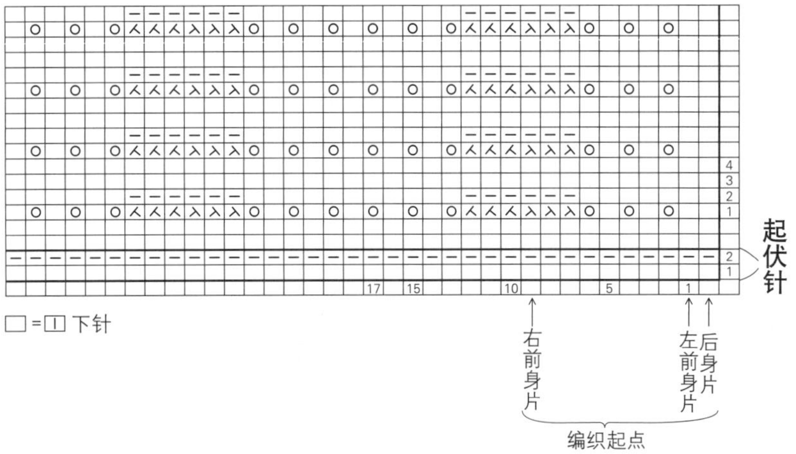

条纹花样

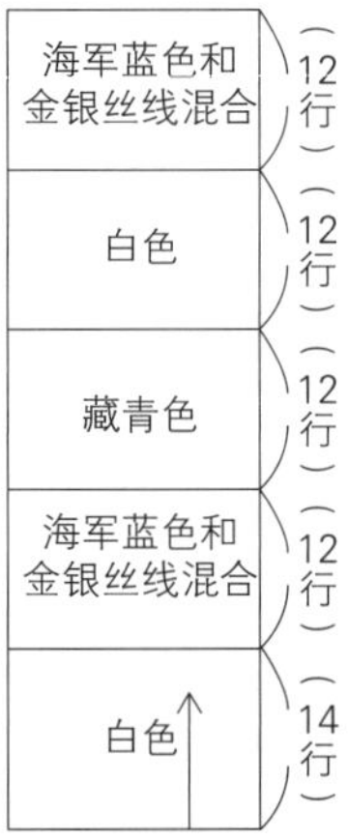

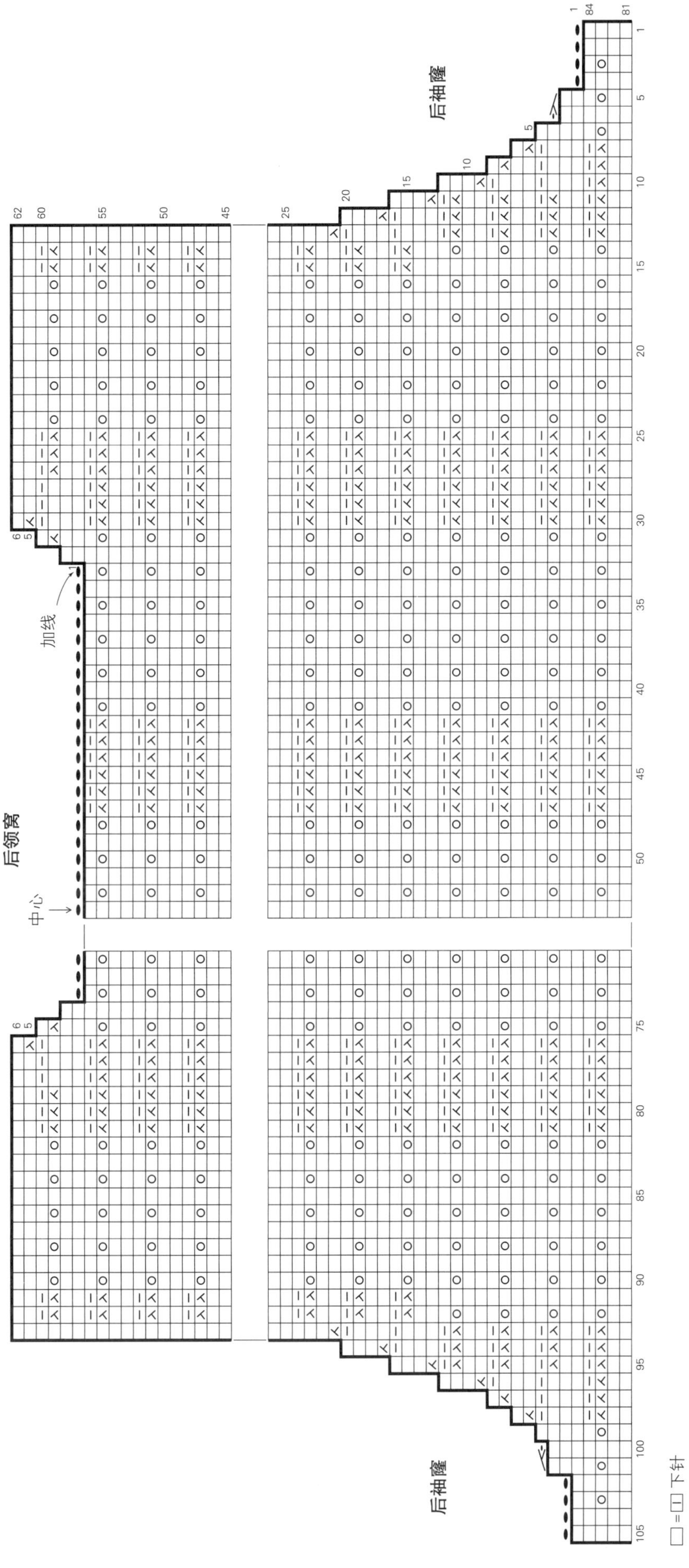
后袖窿
后领窝
中心
加线
后袖窿
□=□ 下针

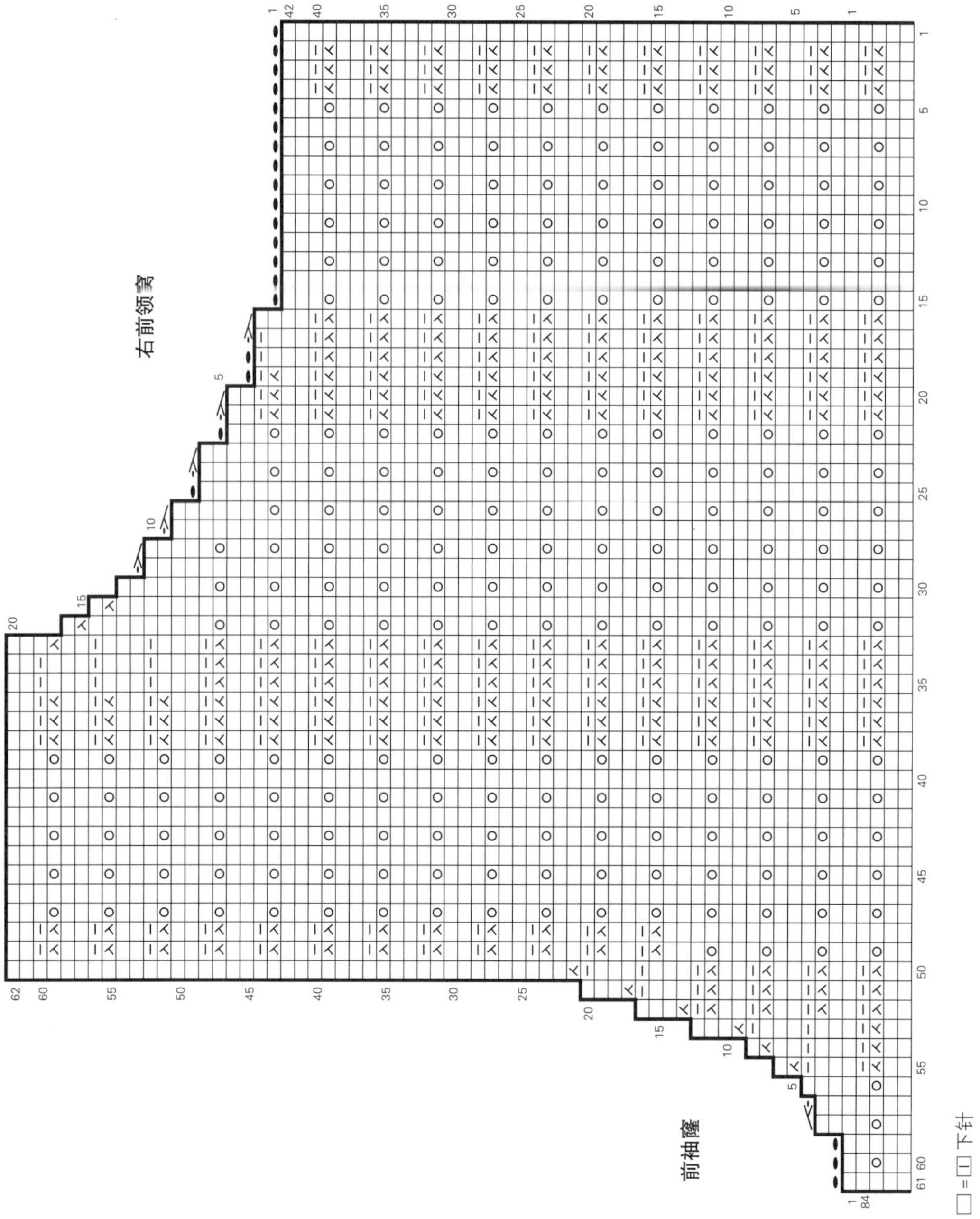

细绳（边缘编织）5/0号针 2根

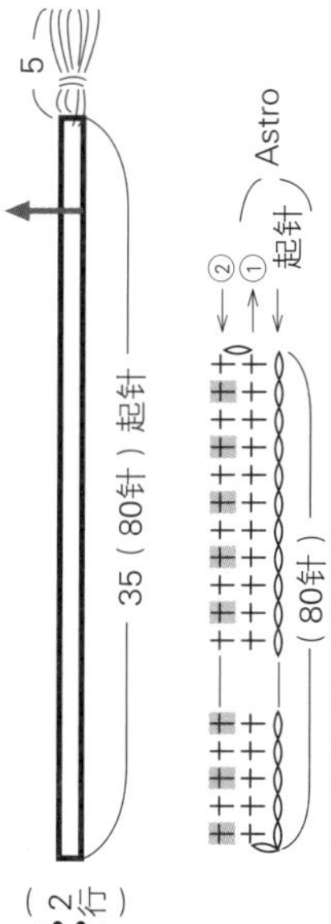

※藏青色线在上、白色线在下，用白色线编织时直接编织；用藏青色线编织时，要包住下方的白色线渡线

流苏

白色、藏青色线各5根，加上2根海军蓝色和金银丝线混合线，共7根线，剪成12cm长做成流苏，固定在细绳端头

边缘编织（袖口）

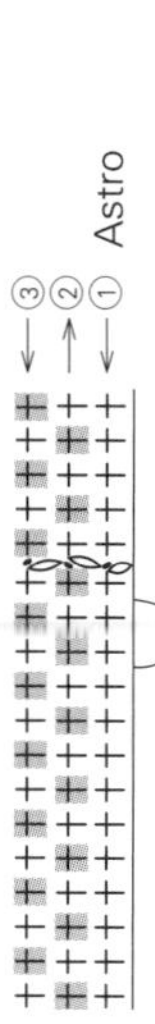

左前领窝

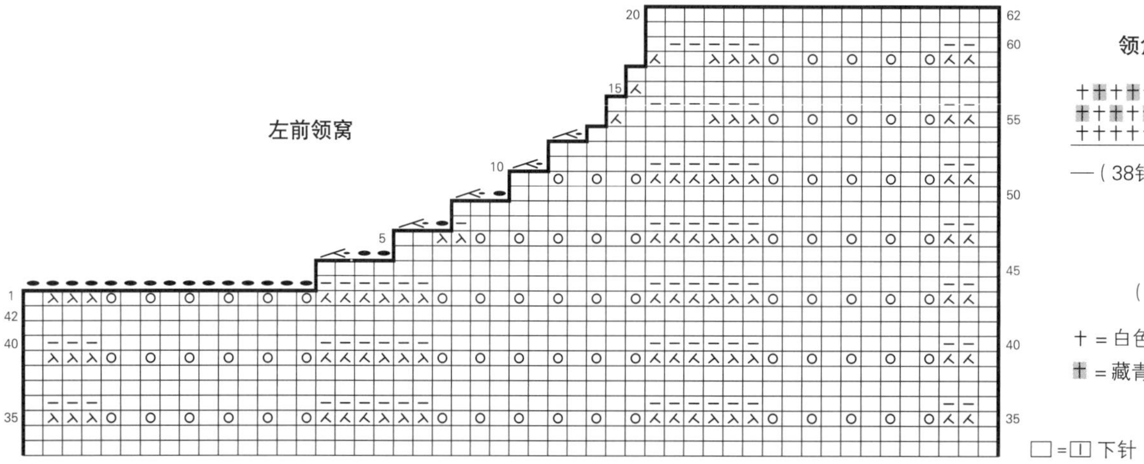

领角的加针

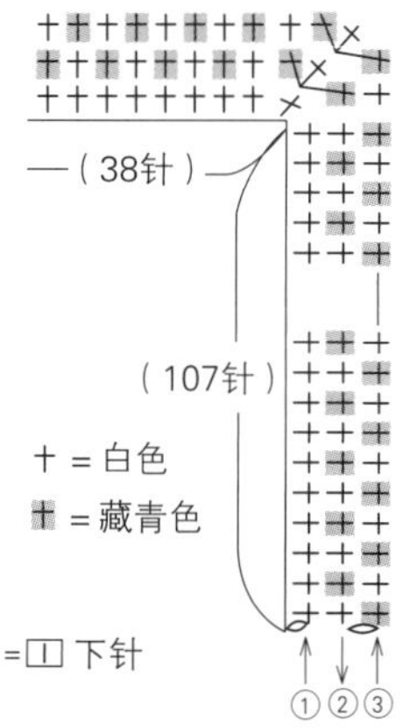

2

4页

●**材料** ricordo(粗)橙色系多色混合(602)220g/6团

●**工具** 钩针5/0号

●**成品尺寸** 胸围108cm，衣长40.5cm，连肩袖长30.5cm

●**编织密度** 四边形花片1片边长约3.2cm

●**编织要点** **前、后身片** 参照编织方法图，从下摆胁部开始编织。第1列连在一起编织，从第2列开始参照图示一边和前一列的花片连接，一边编织。**组合** 肩部将前、后身片正面相对对齐，钩织"1针引拔针、6针锁针"接合。从胁部接合处开始做袖口的边缘编织。下摆、领口做边缘编织。

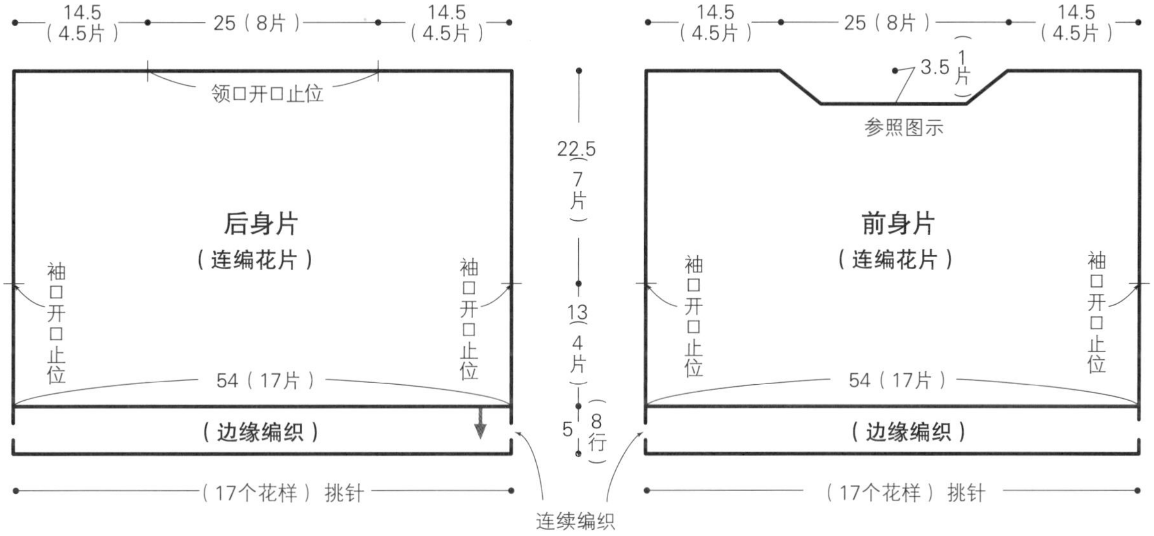

※全部使用5/0号针钩织

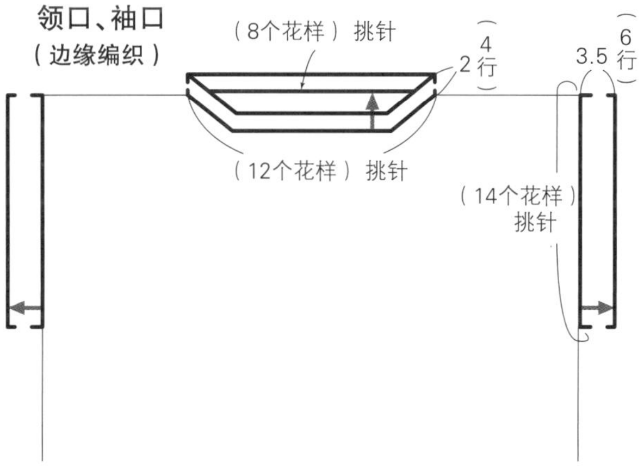

连编花片的编织方法图

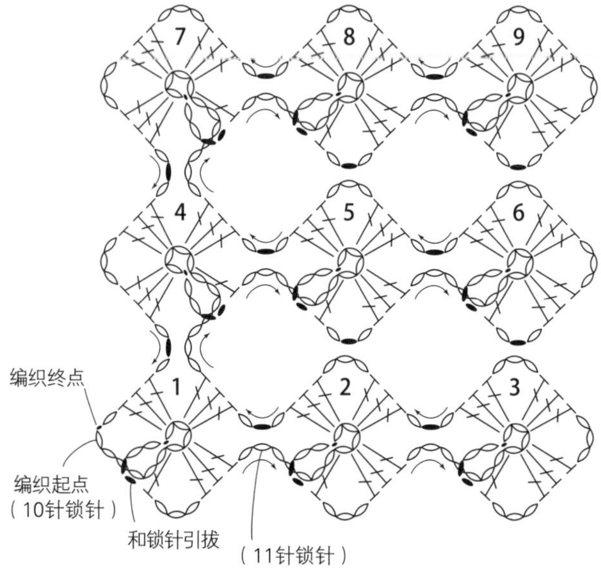

边缘编织（下摆、领口）

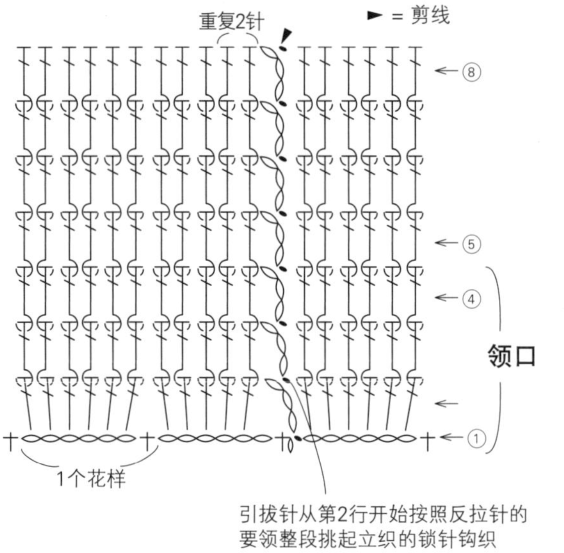

边缘编织（袖口）

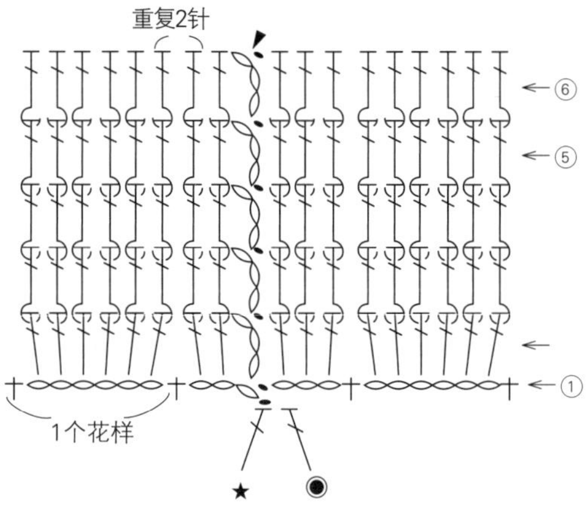

后身片（连编花片）

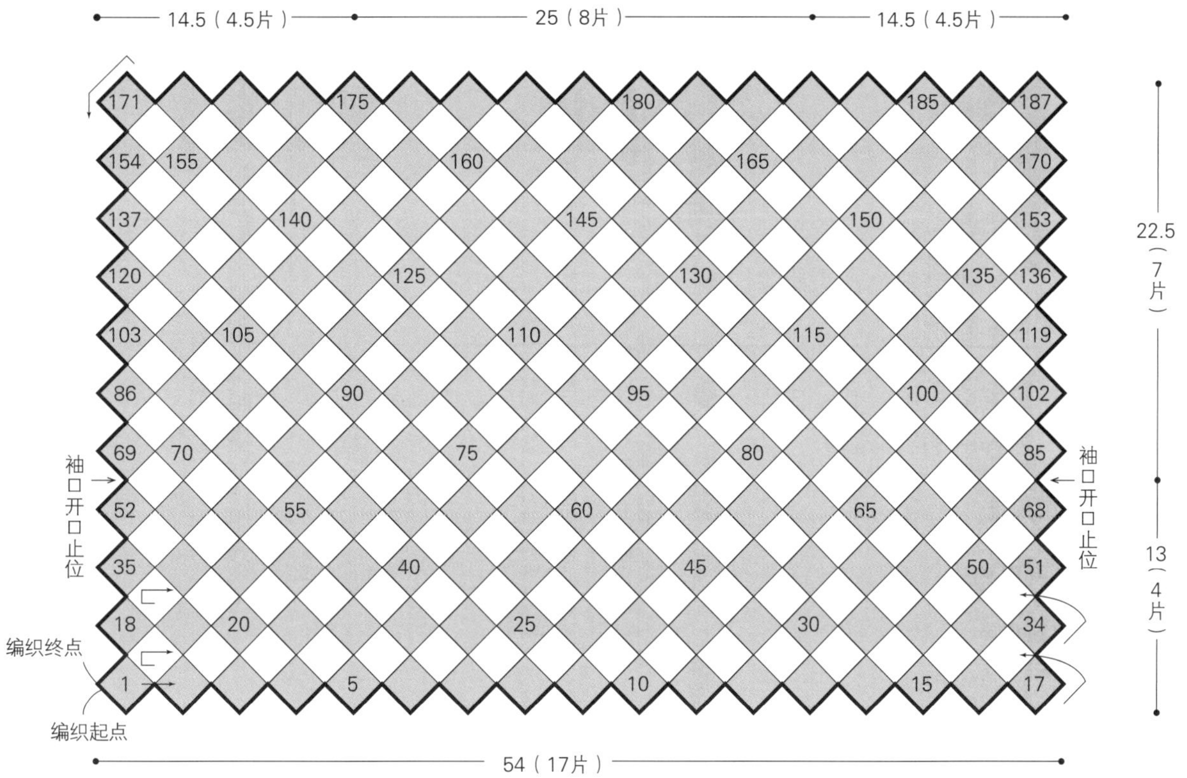

前身片（连编花片）

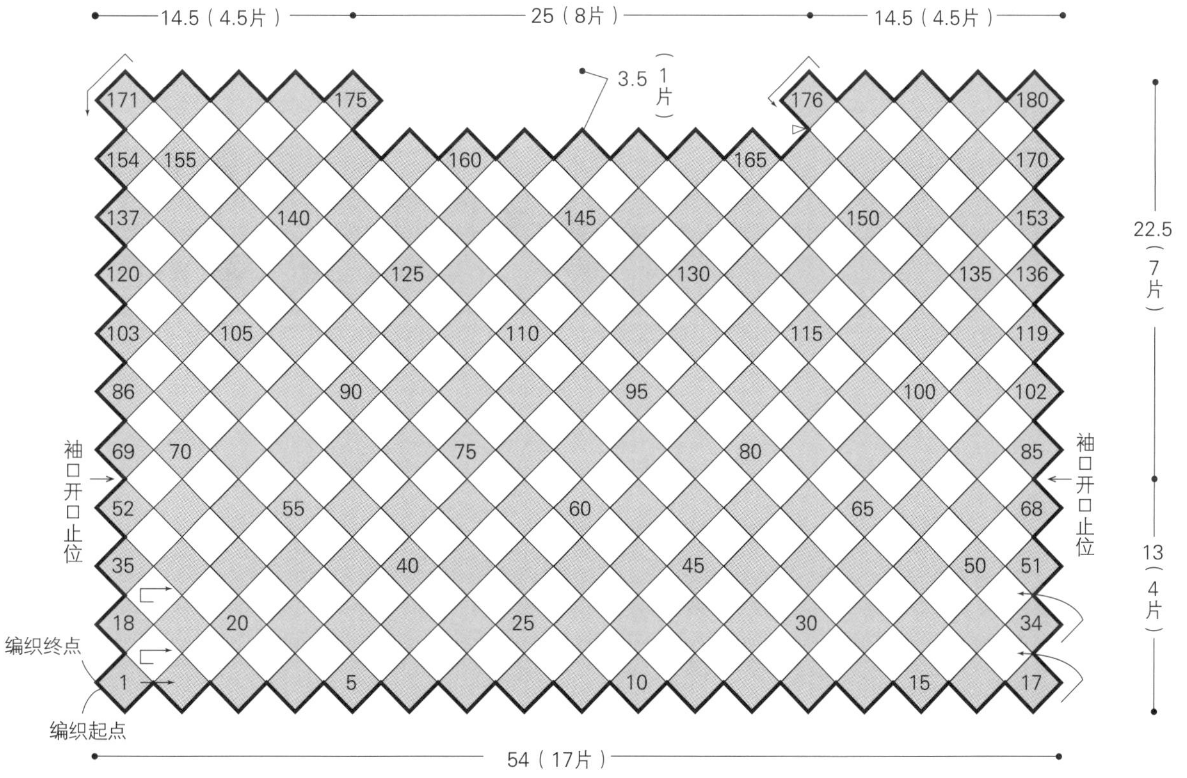

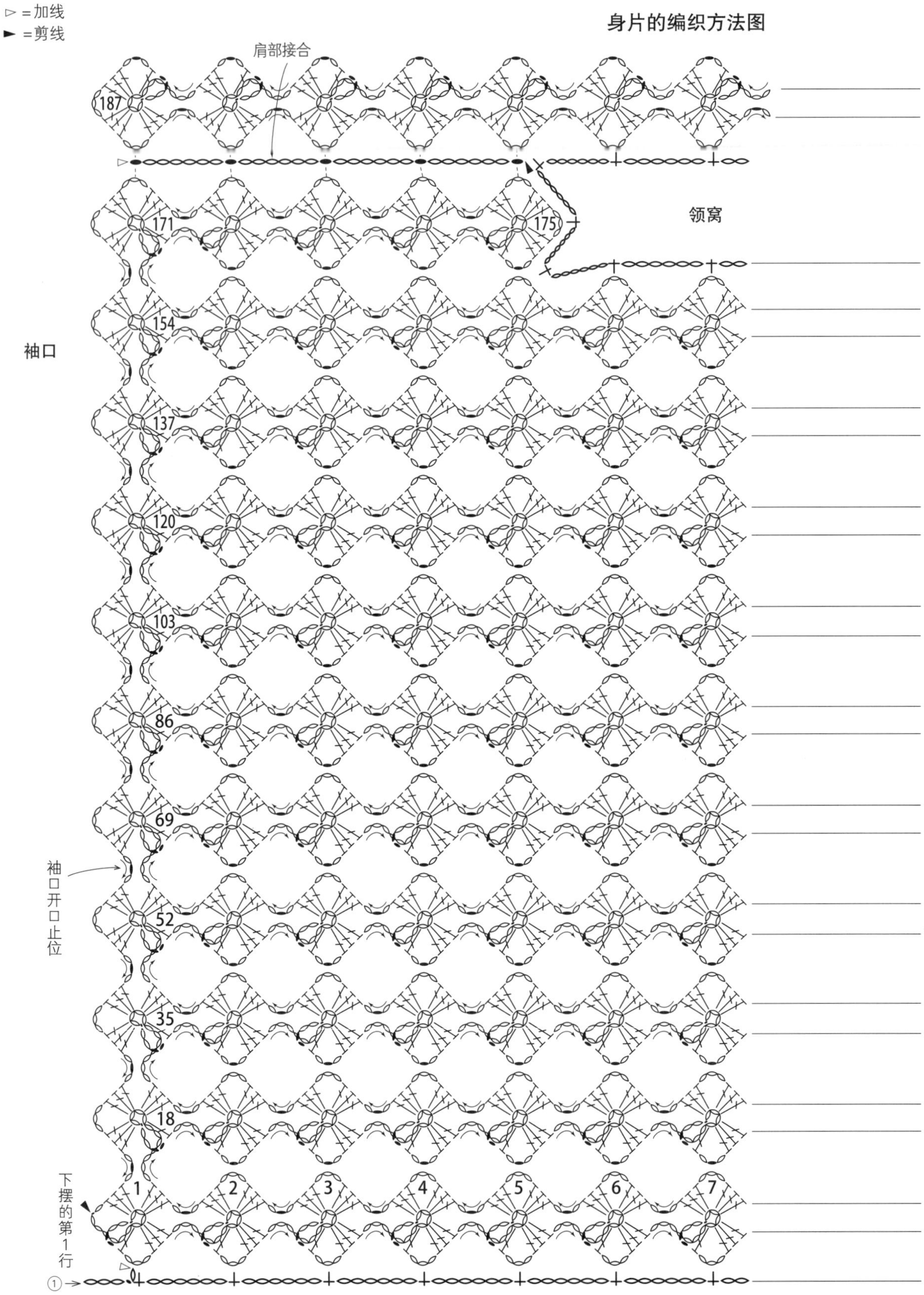
▷ =加线
► =剪线
身片的编织方法图
肩部接合
187
171
175
领窝
154
袖口
137
120
103
86
69
袖口开口止位
52
35
18
下摆的第1行
1
2
3
4
5
6
7
①

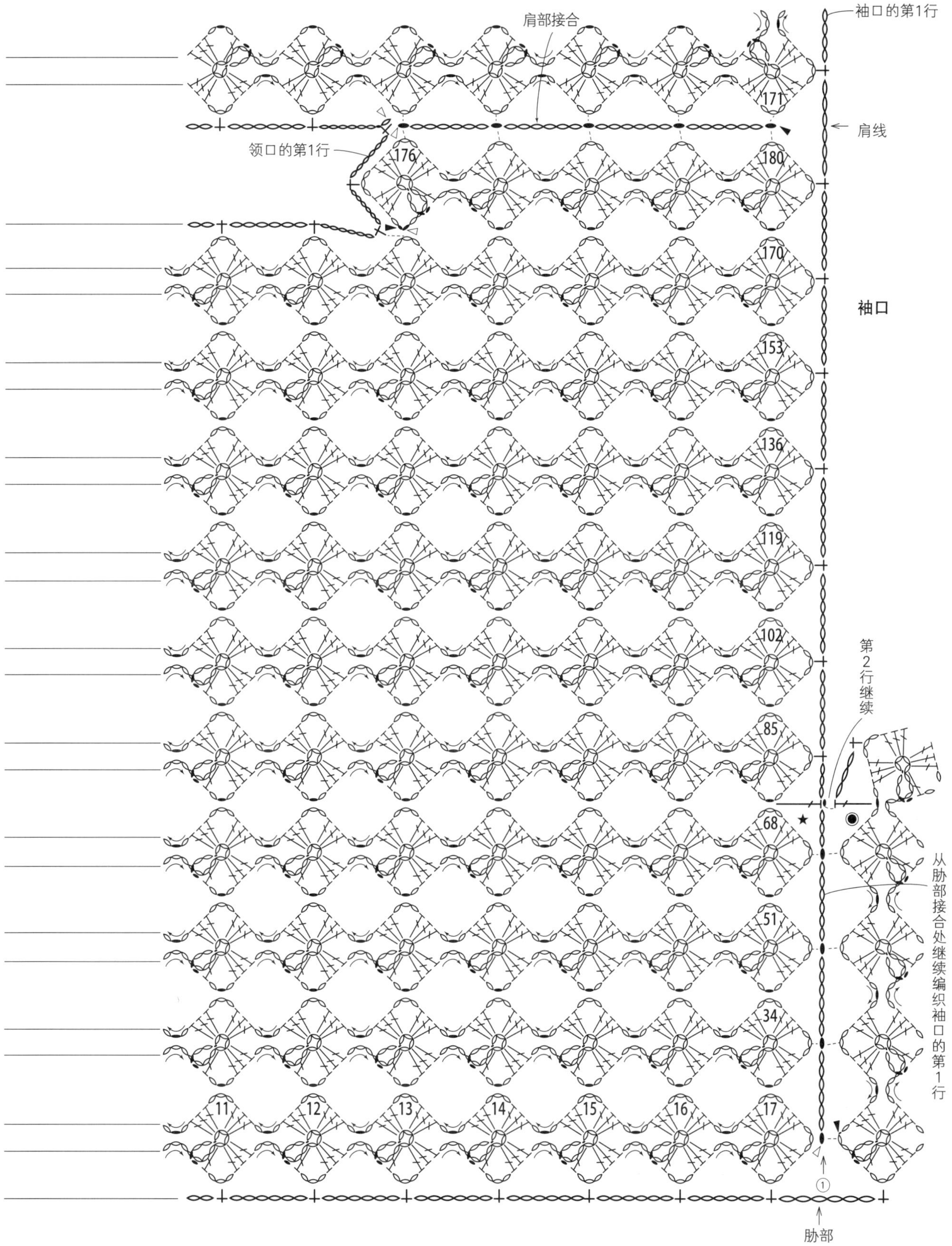
袖口的第1行
肩部接合
171
肩线
领口的第1行
176
180
170
袖口
153
136
119
102
第2行继续
85
68
从肋部接合处继续编织袖口的第1行
51
34
11
12
13
14
15
16
17
①
肋部

4

6页

●**材料**　Cotton Kona（粗）褐色（70）190g/5团，原白色（2）、米色（4）各40g/各1团，黄色（52）15g/1团

●**工具**　棒针5号，钩针5/0号

●**成品尺寸**　胸围93cm，衣长54.5cm，连肩袖长27cm

●**编织密度**　10cm×10cm面积内：双罗纹针22.5针，30行；正方形花片1片边长11cm

●**编织要点**　**后身片**　手指起针，前胁和后身片连在一起从下摆开始编织86行双罗纹针，在袖口位置将前、后身片分开编织。领窝编织伏针和立起端头1针减针，肩部做伏针收针。**前身片**　中间用连接花片的方法钩织。花片A、B用线头环形起针，参照图示钩织。按照图示布局花片，做半针的卷针缝缝合。下摆从花片挑针，编织双罗纹针，结合针目做伏针收针。**组合**　胁部对齐相同标记（○、●）使用毛线缝针做挑针缝合。花片挑起针目头部下方缝合。肩部将前、后身片对齐，钩织引拔针接合。领口、袖口编织双罗纹针，编织终点做下针织下针、上针织上针的伏针收针。

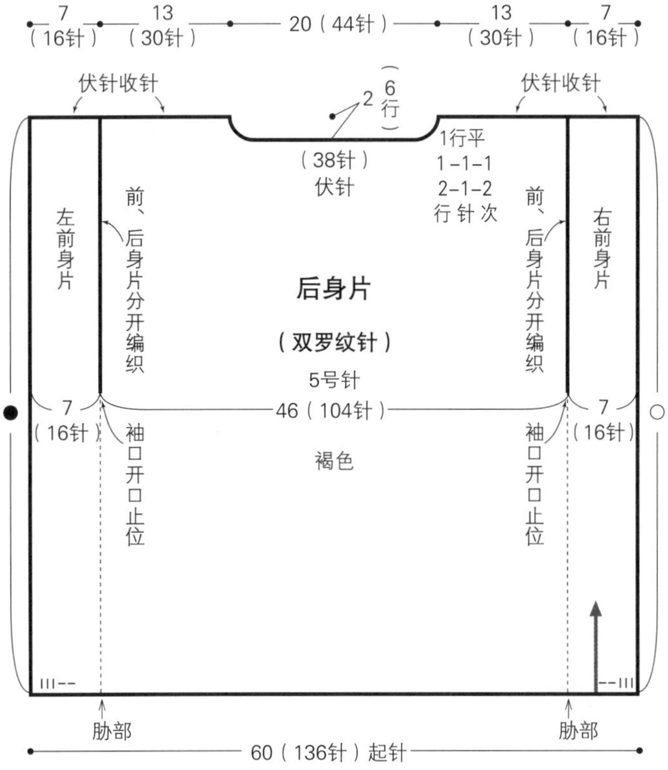

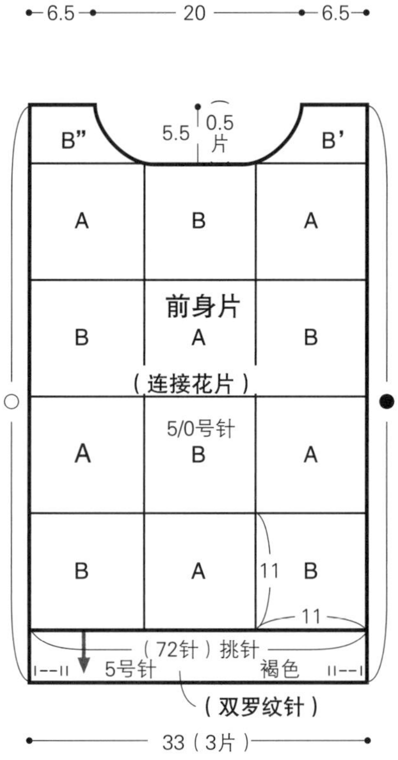

双罗纹针

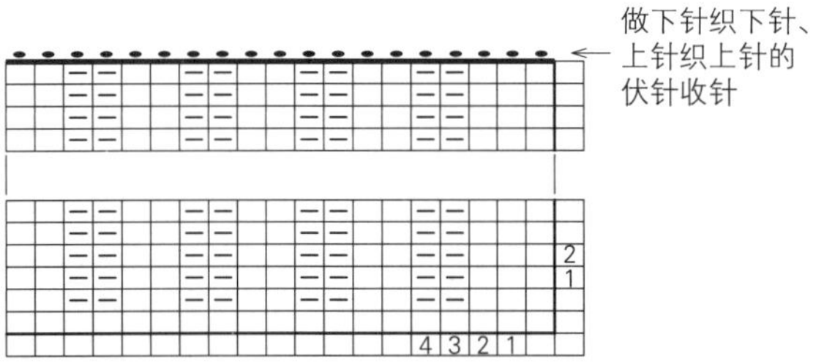

□=□ 下针

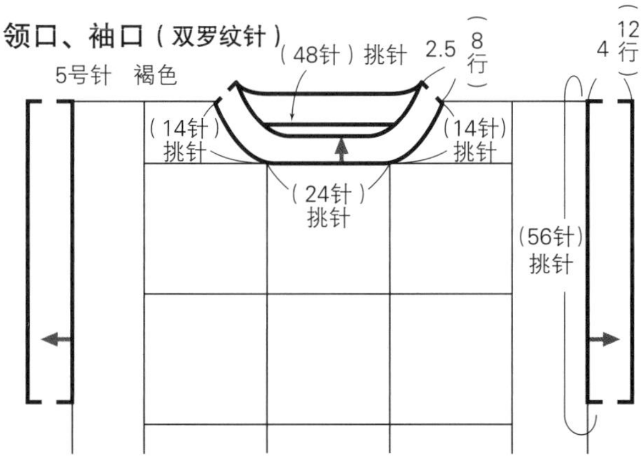

花片A 6片 5/0号针

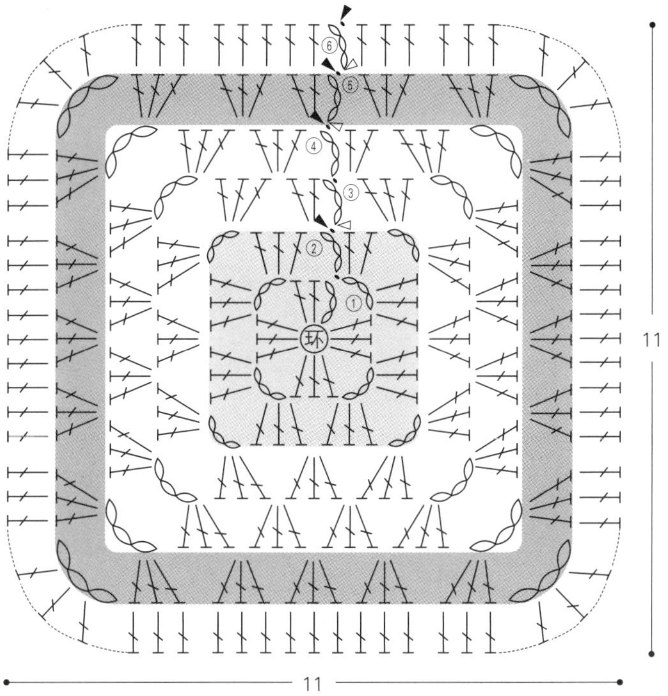

花片B 6片 5/0号针

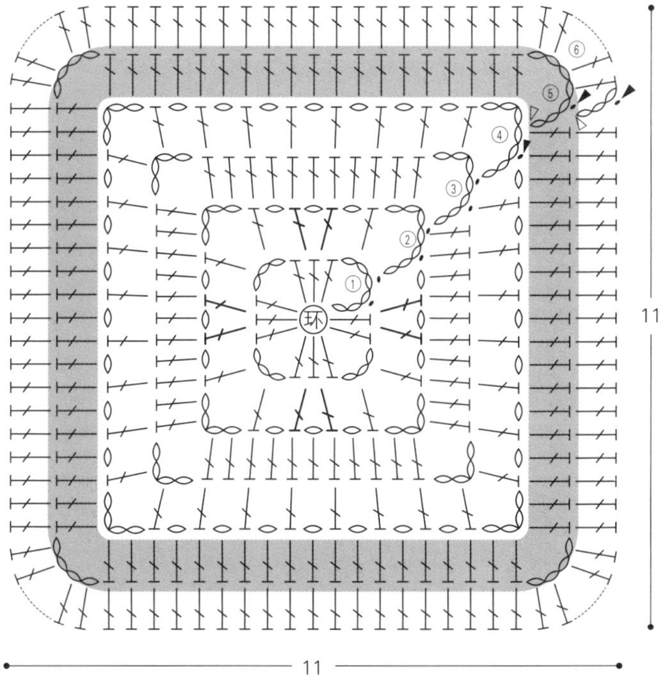

配色表

行数	花片A	花片B
6行	褐色	褐色
5行	米色	米色
4行	原白色	原白色
3行		
2行	黄色	
1行		

▷ =加线

► =剪线

 =第2行的长针将钩针插入针目之间进行钩织

前身片花片的连接方法

3 | 5页

●**材料** ricordo(粗)水蓝色系多色混合(605) 150g/4团

●**工具** 棒针5号

●**成品尺寸** 胸围92cm，肩宽37cm，衣长48cm

●**编织密度** 10cm×10cm面积内：编织花样、下针编织均为21.5针，30行

●**编织要点** **前、后身片** 手指起针，从下摆的单罗纹针开始编织。端头编织1针加针。两胁做下针编织，中央布局编织花样。袖窿、领窝减2针及以上时做伏针减针，1针时立起端头1针减针。肩部休针。编织相同的2片。**组合** 肩部将前、后身片反面朝外对齐，做盖针接合。胁部使用毛线缝针做挑针缝合。袖口、领口挑针，编织单罗纹针。编织终点做下针织下针、上针织上针的伏针收针。

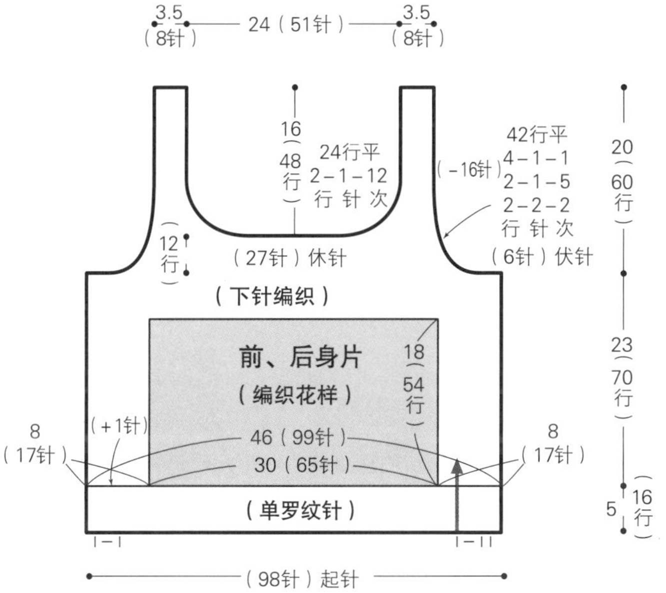

※全部使用5号针编织

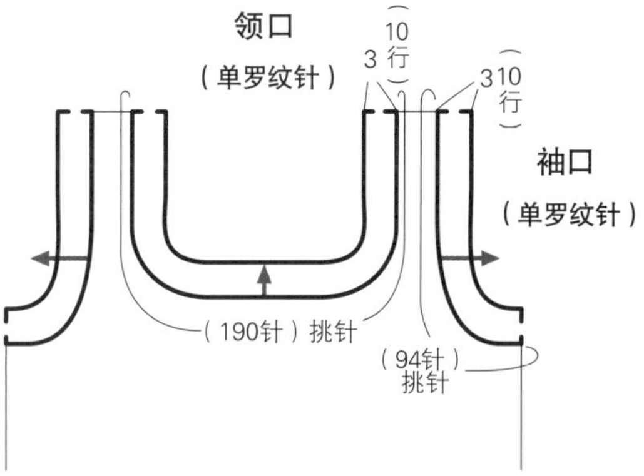

单罗纹针

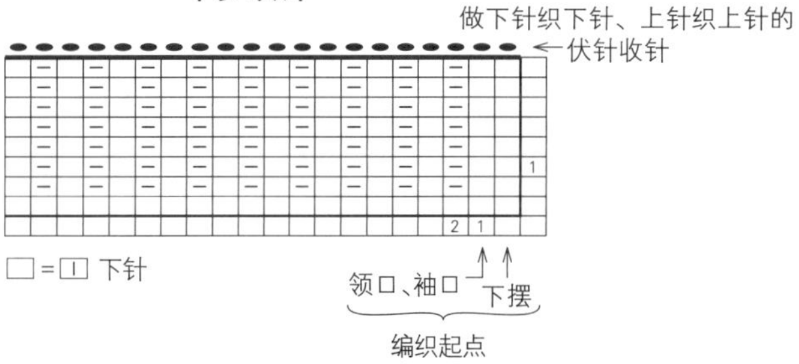

编织花样

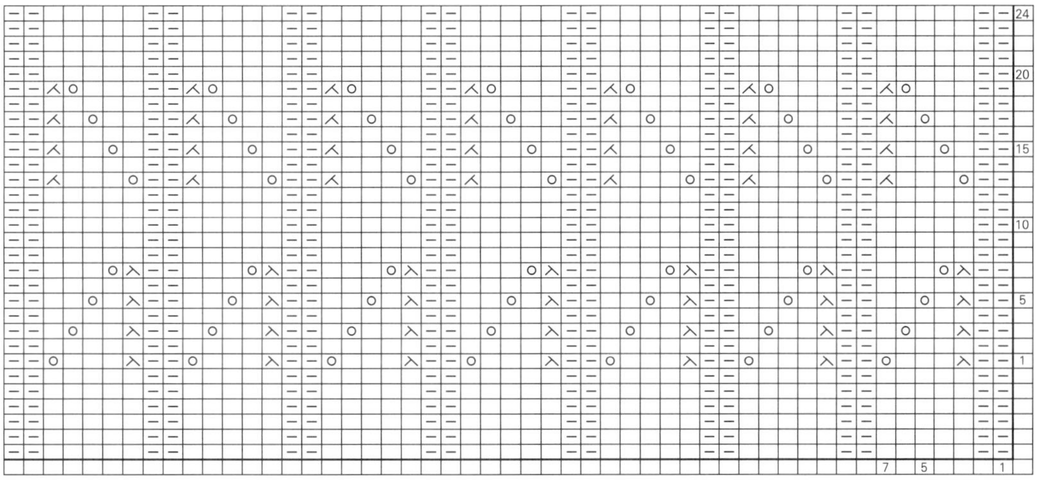

5

8页

●**材料** KAKINOSUKE（粗）鼠灰色(211) 140g/4团

●**工具** 棒针5号

●**成品尺寸** 胸围110cm，衣长49cm，连肩袖长29.5cm

●**编织密度** 10cm×10cm面积内：编织花样18针，23行

●**编织要点** **后身片** 手指起针，从下摆的双罗纹针开始编织，然后做编织花样至肩部，不加、减针。袖口开口止位用毛线做个记号。领窝编织伏针减针，肩部针目休针。**前身片** 起针方法和后身片相同，按照相同方法编织。领窝编织伏针和立起端头1针减针，肩部针目休针。**组合** 肩部将前、后身片反面朝外对齐，做盖针接合。胁部使用毛线缝针做挑针缝合。领口、袖口从身片连接处挑针，环形编织。编织终点结合上、下针的针目做伏针收针。

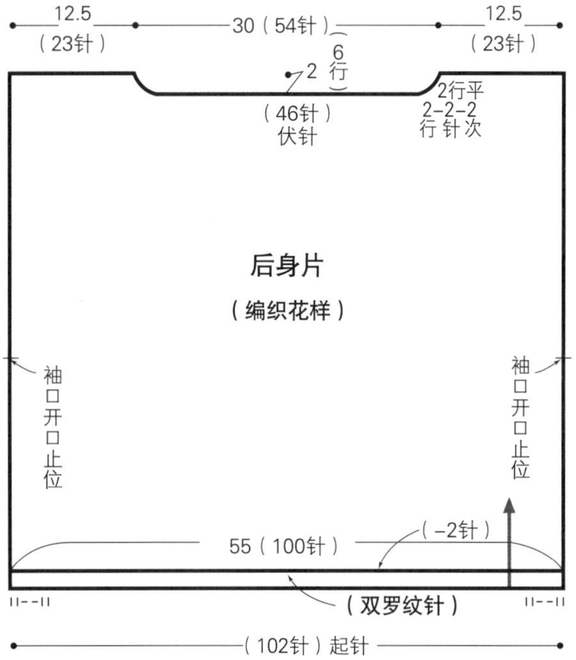

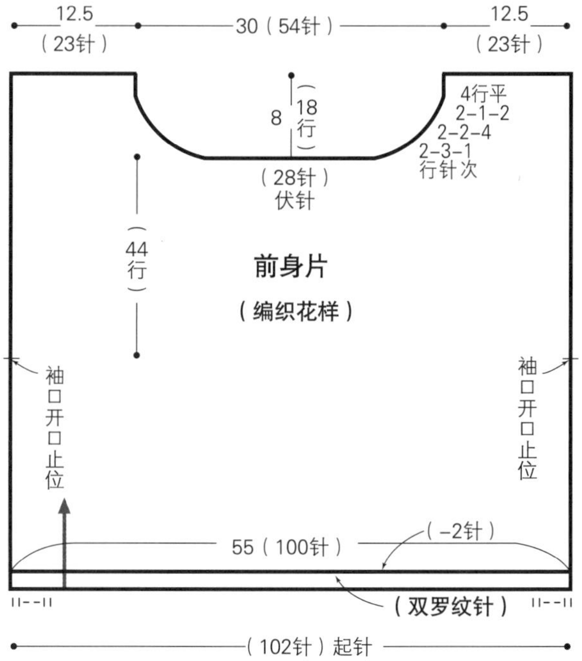

※全部使用5号针编织

编织花样

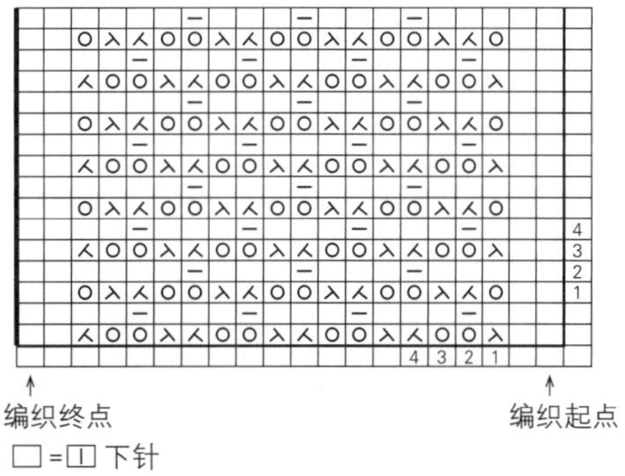

领口、袖口（双罗纹针）

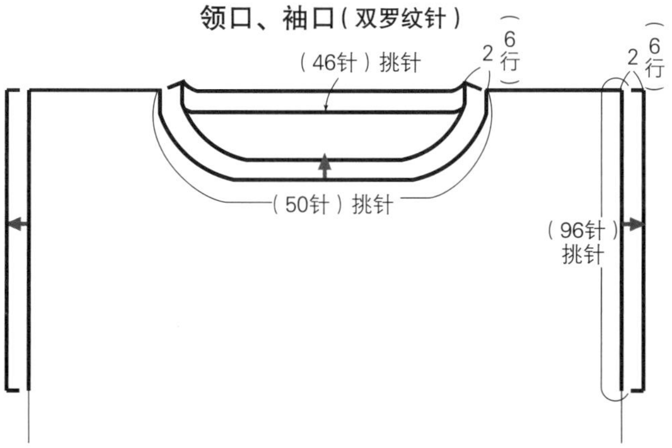

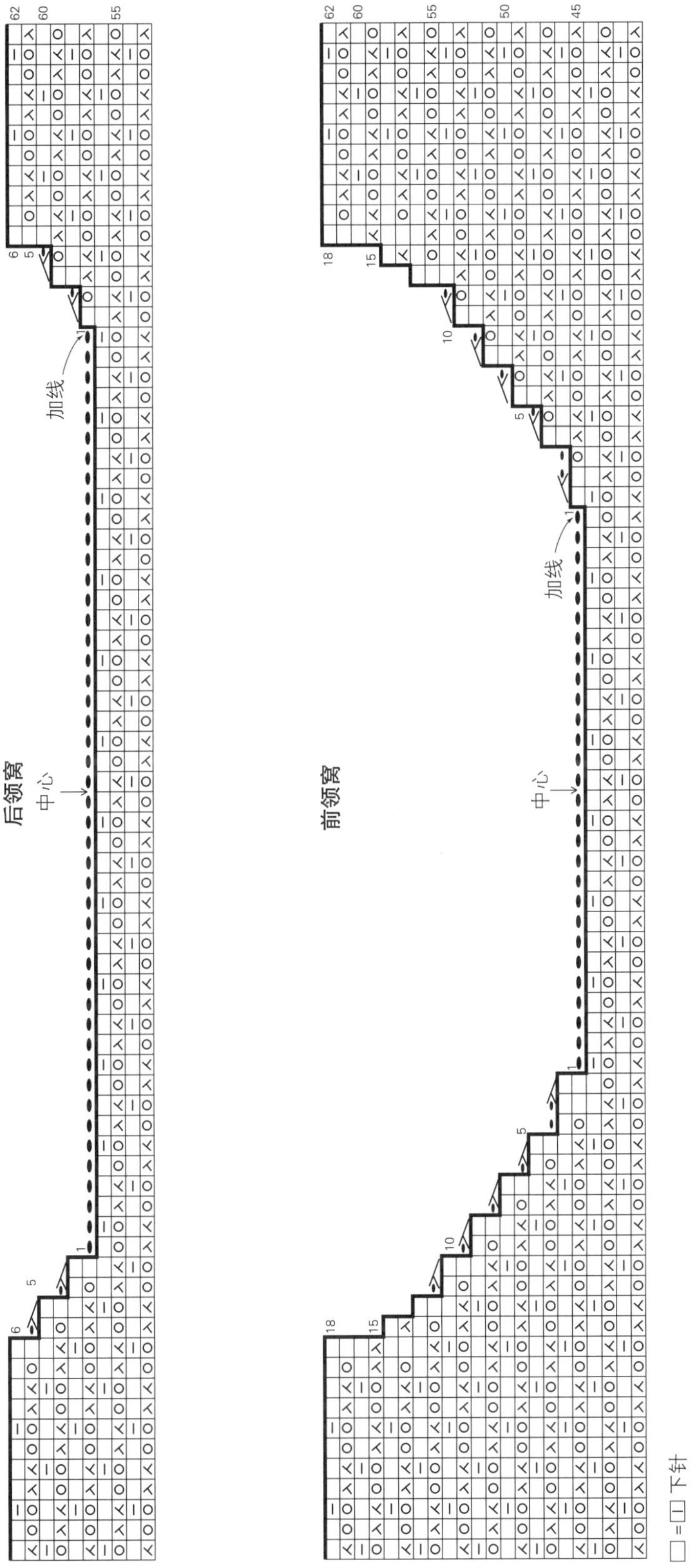

14 | 19页

●**材料** Leafy（粗）白色(751) 45g/2团，LINEN 100（粗）白色（901）45g/2团

●**工具** 钩针7/0号、6/0号

●**成品尺寸** 头围56cm，帽深18cm

●**编织密度** 10cm×10cm面积内：短针14针，17.5行

●**编织要点** 各取1根Leafy线和LINEN 100线合为1股钩织。从帽顶向帽檐钩织。线头环形起针，第1行在环形中钩织6针短针。参照图示，一边加针一边环形钩织。帽身不加、减针，钩织18行。帽檐更换钩针，参照图示挑针钩织28个花样。需要注意部分花样针法有变化。做7行编织花样。

★下一页继续

帽子

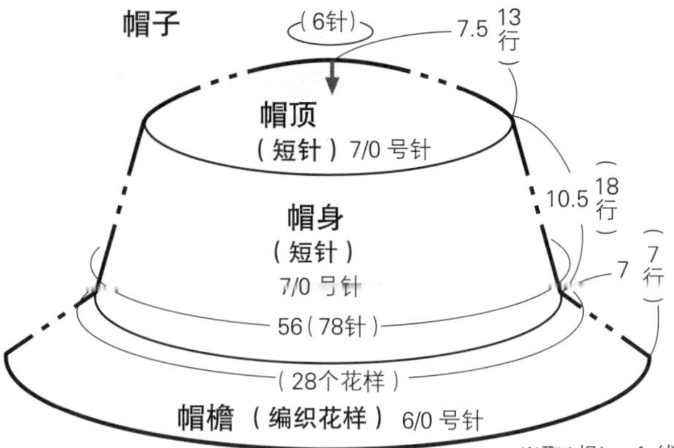

帽顶的加针方法

行数	针数	加针方法
13行	78针	每行加6针
12行	72针	
11行	66针	
10行	60针	
9行	54针	
8行	48针	
7行	42针	
6行	36针	
5行	30针	
4行	24针	
3行	18针	
2行	12针	
1行	6针	

※取1根Leafy线(白色)和1根LINEN 100线(白色),合为1股编织

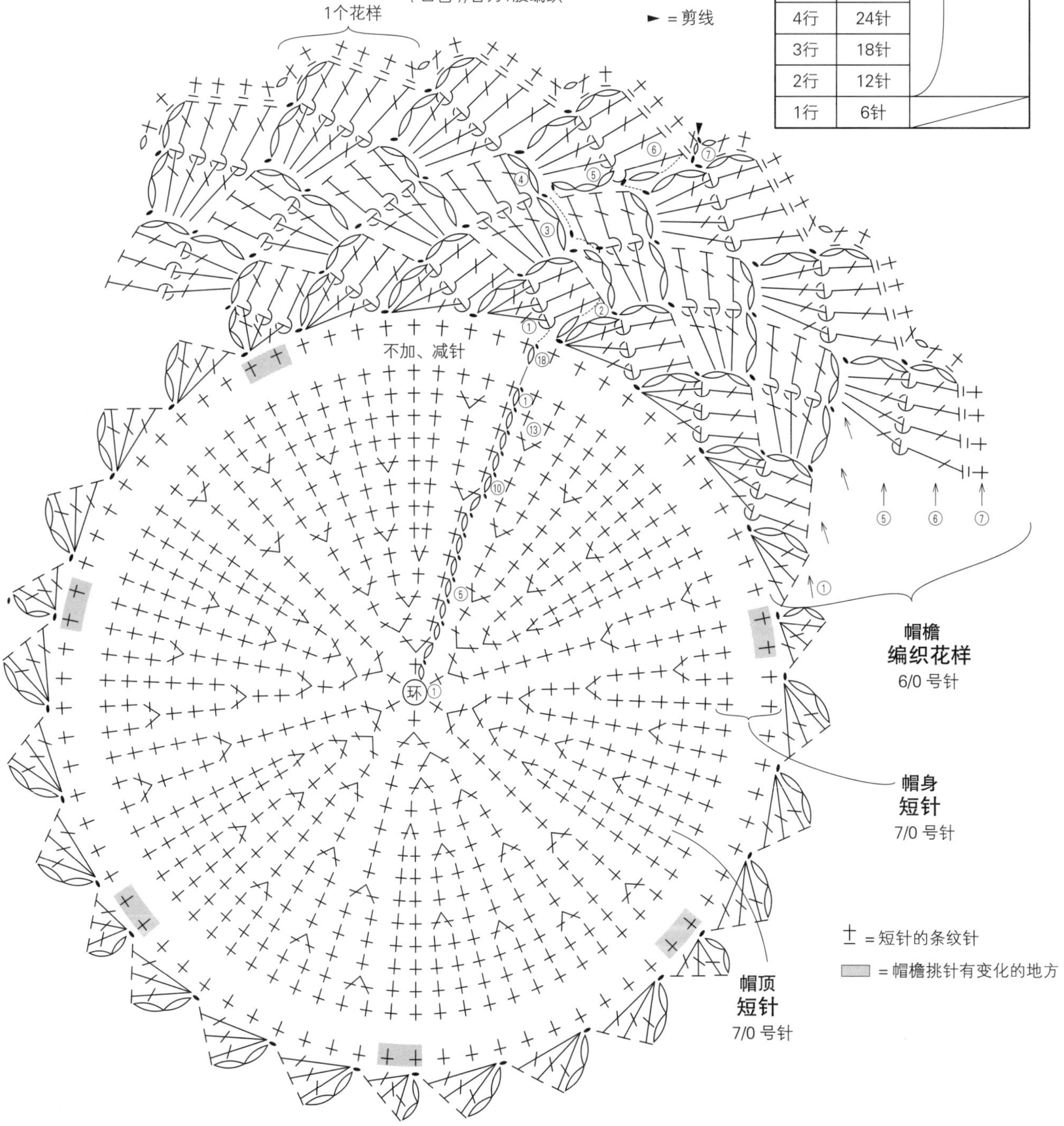

6 | 9页

●**材料** Foch（粗）米色（802）170g/5团，直径2cm的纽扣3颗

●**工具** 棒针7号

●**成品尺寸** 胸围96.5cm，衣长48cm，连肩袖长25.5cm

●**编织密度** 10cm×10cm面积内：编织花样B19针，27行；下针编织19针，27.5行

●**编织要点** **后身片** 手指起针，下摆编织14行编织花样A，编织花样B第1行按照图示减1针，胁长编织52行。袖口编织6针卷针加针，连接身片编织起伏针。编织38行后，开始做下针编织。肩部做引返编织，领窝编织伏针和立起端头1针减针，肩部针目休针。**前身片** 起针方法和后身片相同，按照相同方法连同前门襟一起编织。右前门襟开扣眼。**组合** 肩部将前、后身片反面朝外对齐，钩织引拔针接合。领口编织起伏针，编织终点做伏针收针。胁部使用毛线缝针做挑针缝合。左前门襟缝上纽扣。

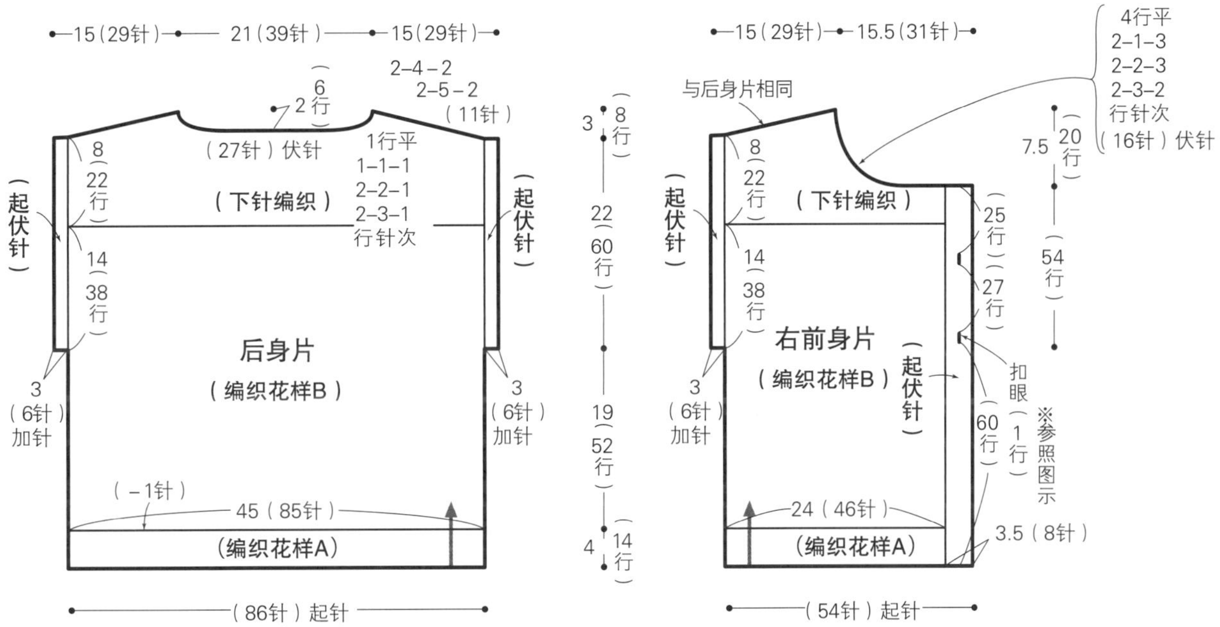

※全部使用7号针编织

※左前身片和右前身片左右对称编织

领口（起伏针）

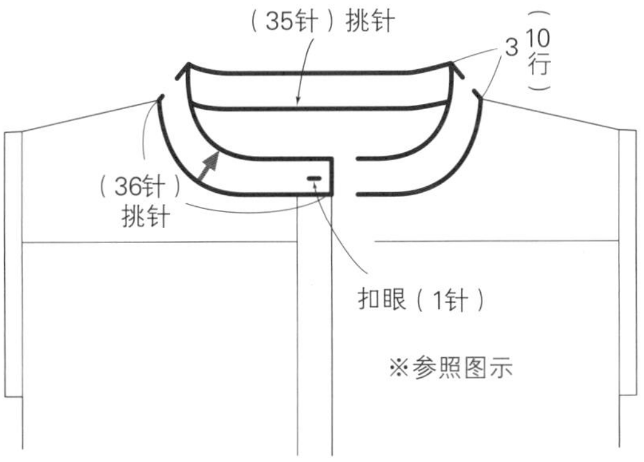

领口的扣眼

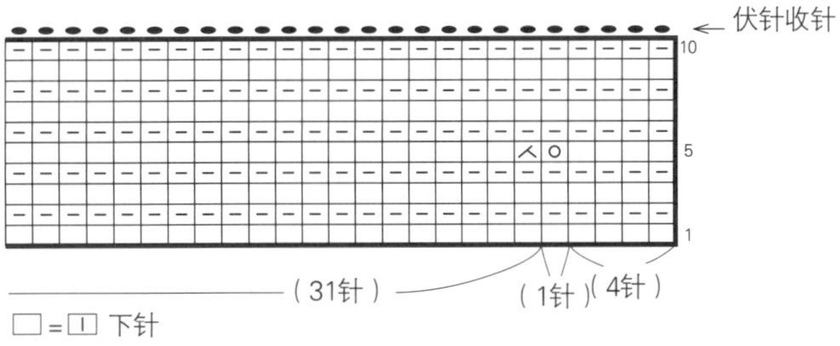

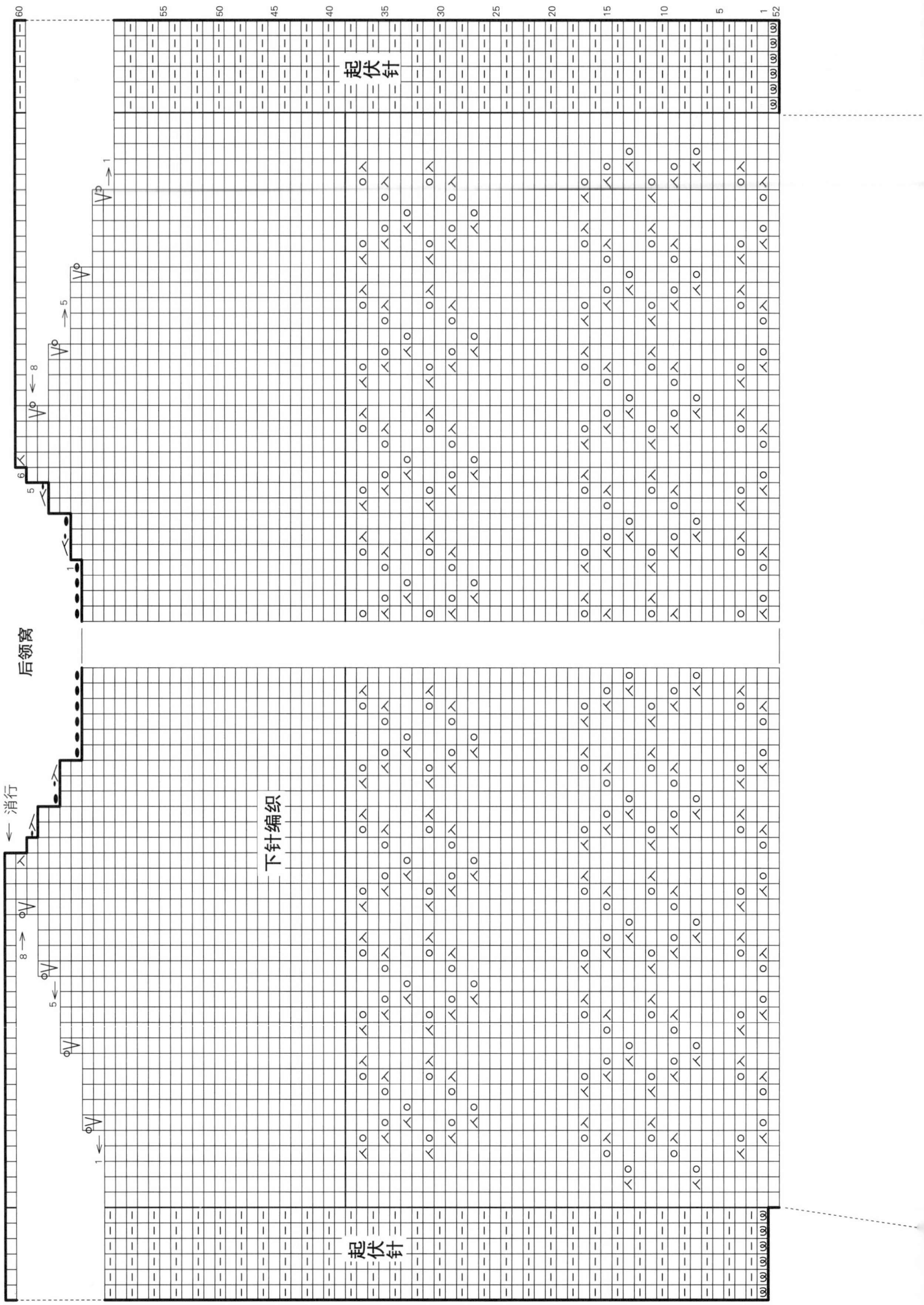
起伏针
下针编织
后领窝
消行
起伏针

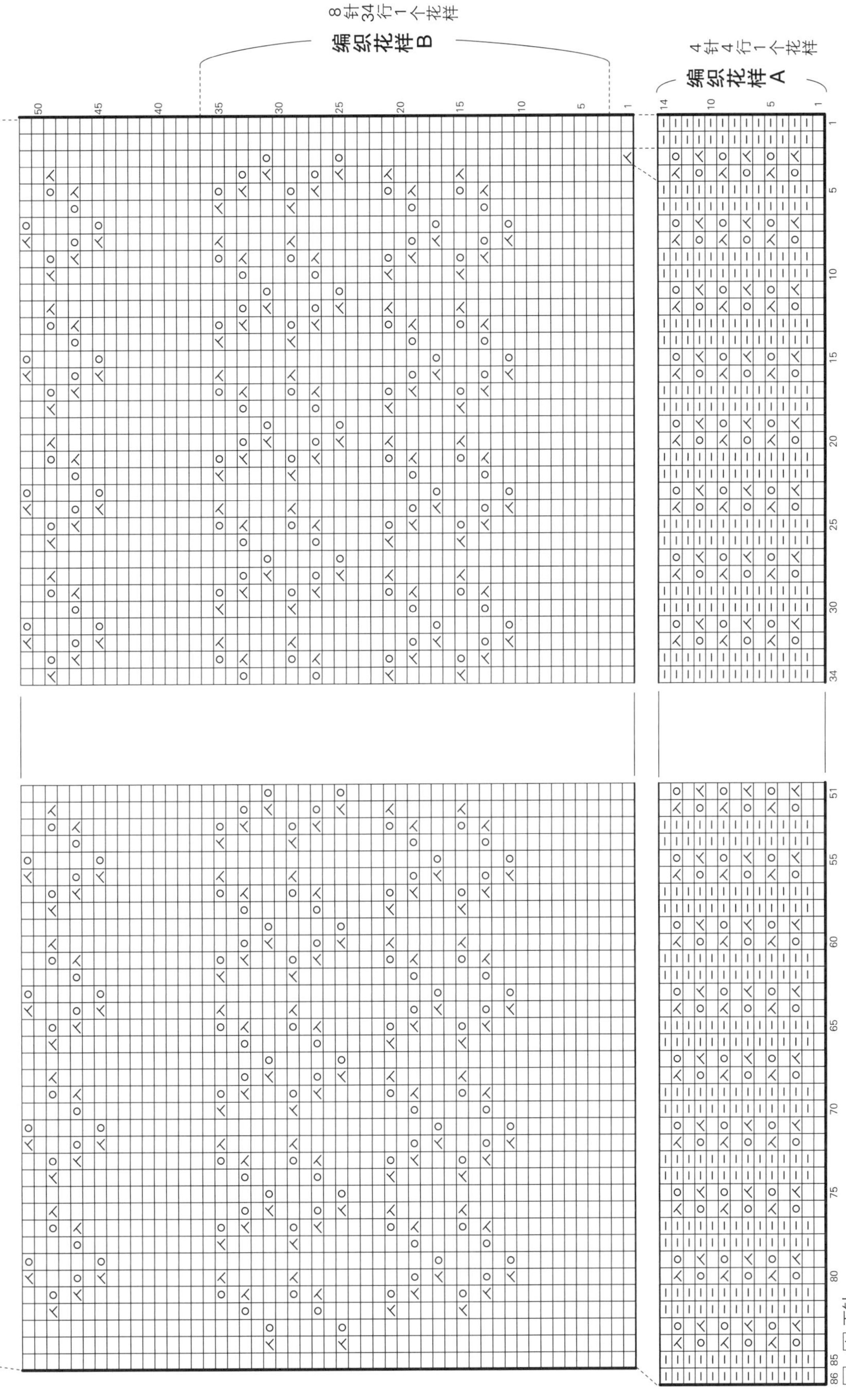
编织花样B
8针34行1个花样
编织花样A
4针4行1个花样
□=□ 下针

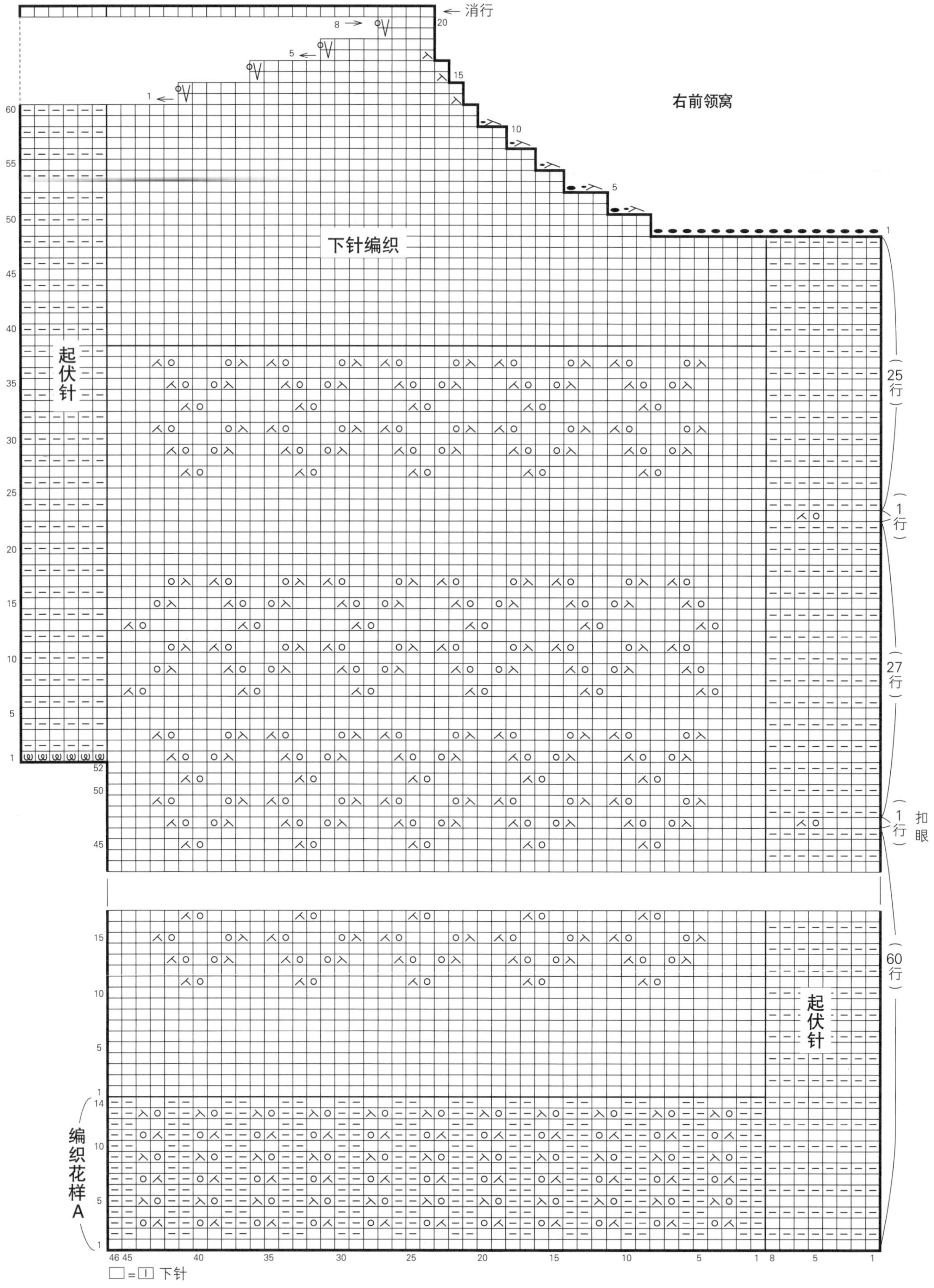
消行
右前领窝
下针编织
起伏针
25行
1行
27行
1行
扣眼
60行
起伏针
编织花样A
□=| 下针

7 | 10页

●**材料** Arabis（中细）红色（8462）260g/7团，直径1.5cm的纽扣1颗

●**工具** 棒针5号

●**成品尺寸** 胸围106cm，肩宽42cm，衣长68cm

●**编织密度** 10cm×10cm面积内：下针编织、编织花样均为24针，33行

●**编织要点** **后身片** 手指起针，从下摆的单罗纹针开始编织。编织52行编织花样，然后做下针编织。胁部立起1针减针，袖窿、领窝编织伏针和立起端头1针减针。肩部做引返编织，休针。**前身片** 起针方法和后身片相同，前端7针编织单罗纹针。对称编织左、右前身片。**组合** 肩部将前、后身片反面朝外对齐，做盖针接合。胁部使用毛线缝针做挑针缝合。领口、袖口参照图示挑针，编织单罗纹针。右前领口开扣眼，编织终点结合上、下针的针目做伏针收针。左前领口缝上纽扣。

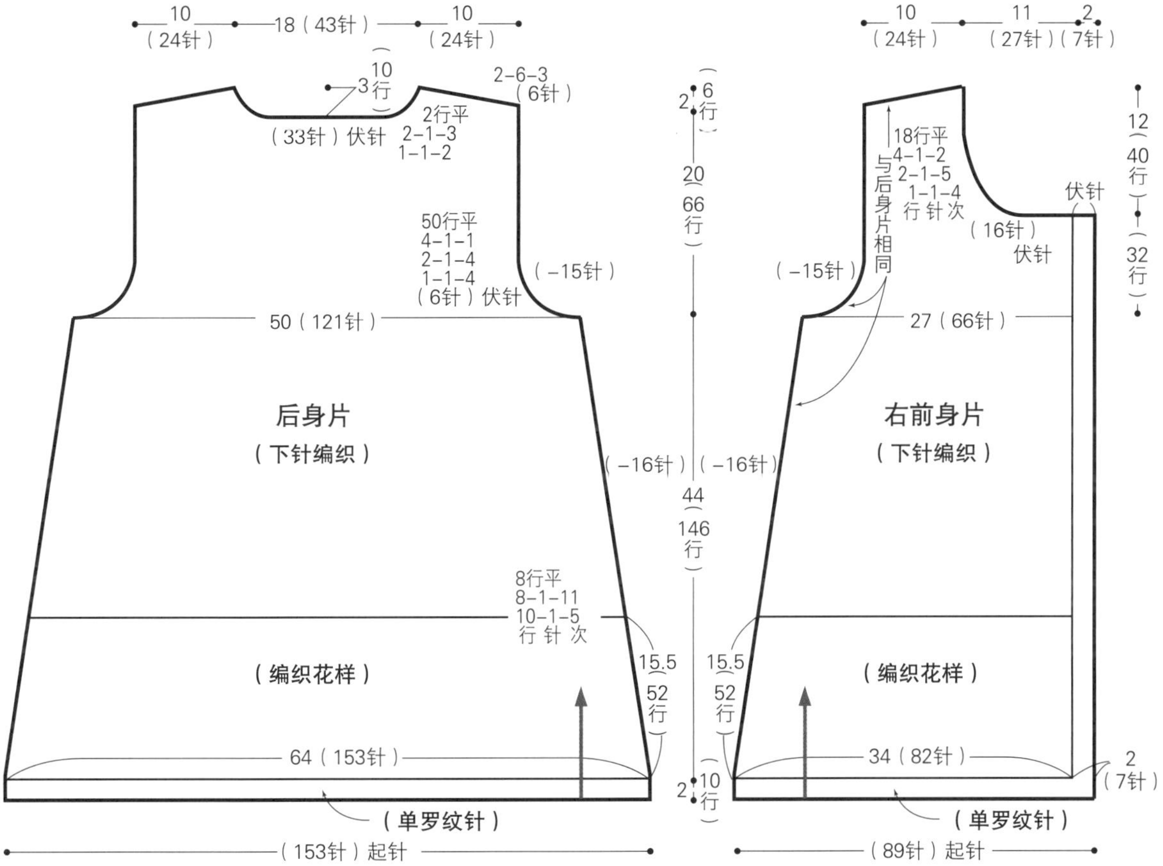

※全部使用5号针编织

※左前身片和右前身片左右对称编织

领口、袖口（单罗纹针）

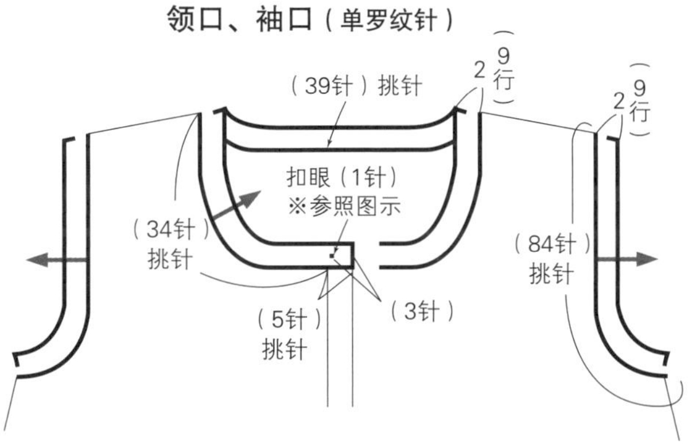

扣眼（右前领口）

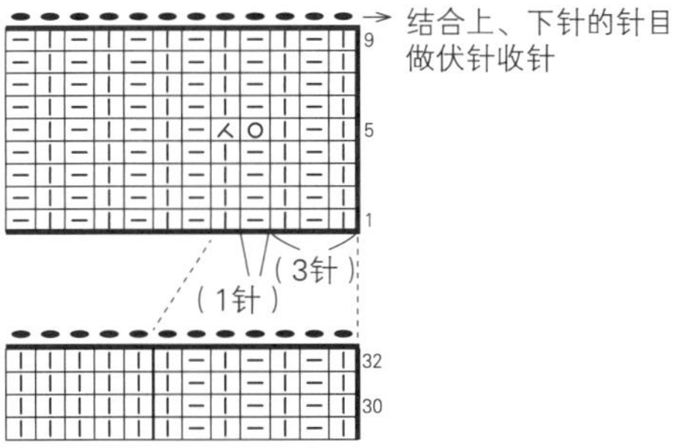

★下一页继续

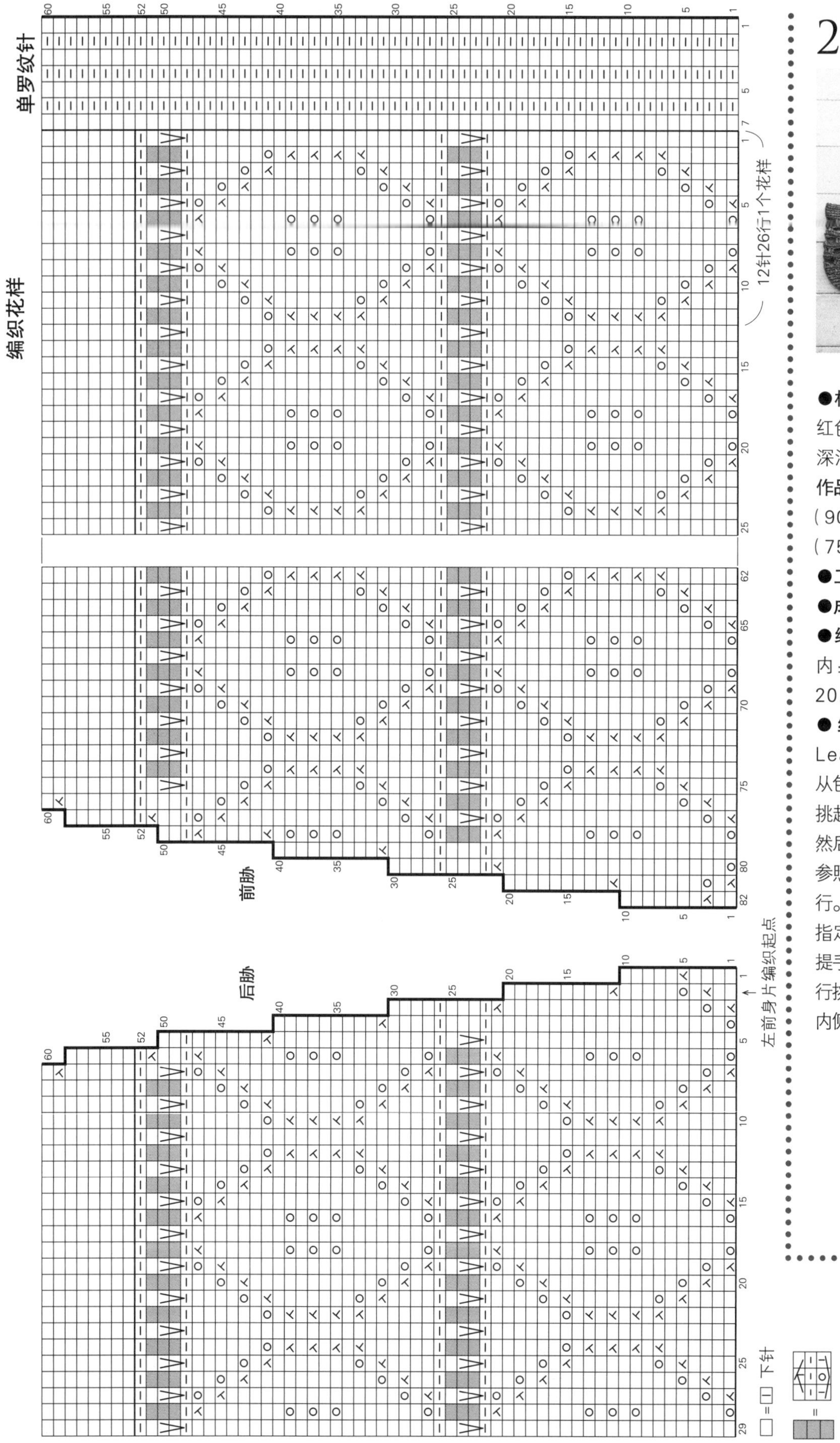

25

31页

●**材料** 作品a：LINEN 100(粗)红色(908)60g/2团，Leafy(粗)深浅红色系混合(747)60g/2团。
作品b：LINEN 100(粗)深藏青色(907)60g/2团，Leafy(粗)黑色(757)60g/2团

●**工具** 钩针6/0号、5/0号

●**成品尺寸** 宽35cm，深15.5cm

●**编织密度** 10cm×10cm面积内：短针19针，17.5行；编织花样20.5针，13.5行

●**编织要点** LINEN 100线和Leafy线各取1根合为1股钩织。从包底向包口做环形编织。锁针起针，挑起锁针的半针和里山2根线钩织，然后挑起剩余1根线环形钩织短针。参照图示，一边加针一边环形钩织8行。包身做编织花样，休线。包口在指定位置钩织3行，用休线钩织。提手位置钩织60针锁针起针，下一行挑起锁针的半针和里山钩织。提手内侧钩织短针。

手提包

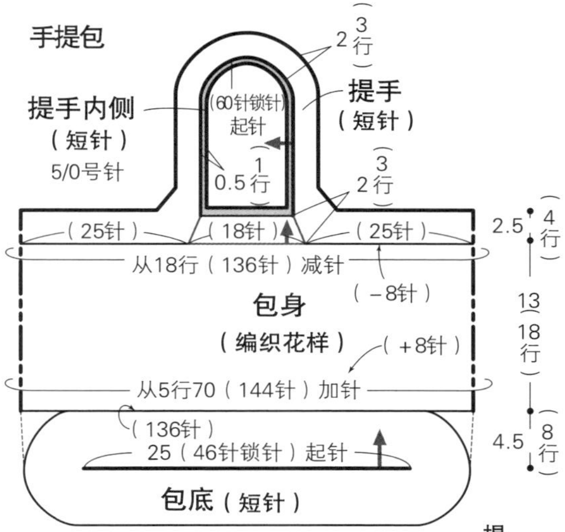

①钩织完包身后，休线
钩织 （2处）
②钩织提手、包口
③钩织提手内侧

※除指定以外均用6/0号针钩织

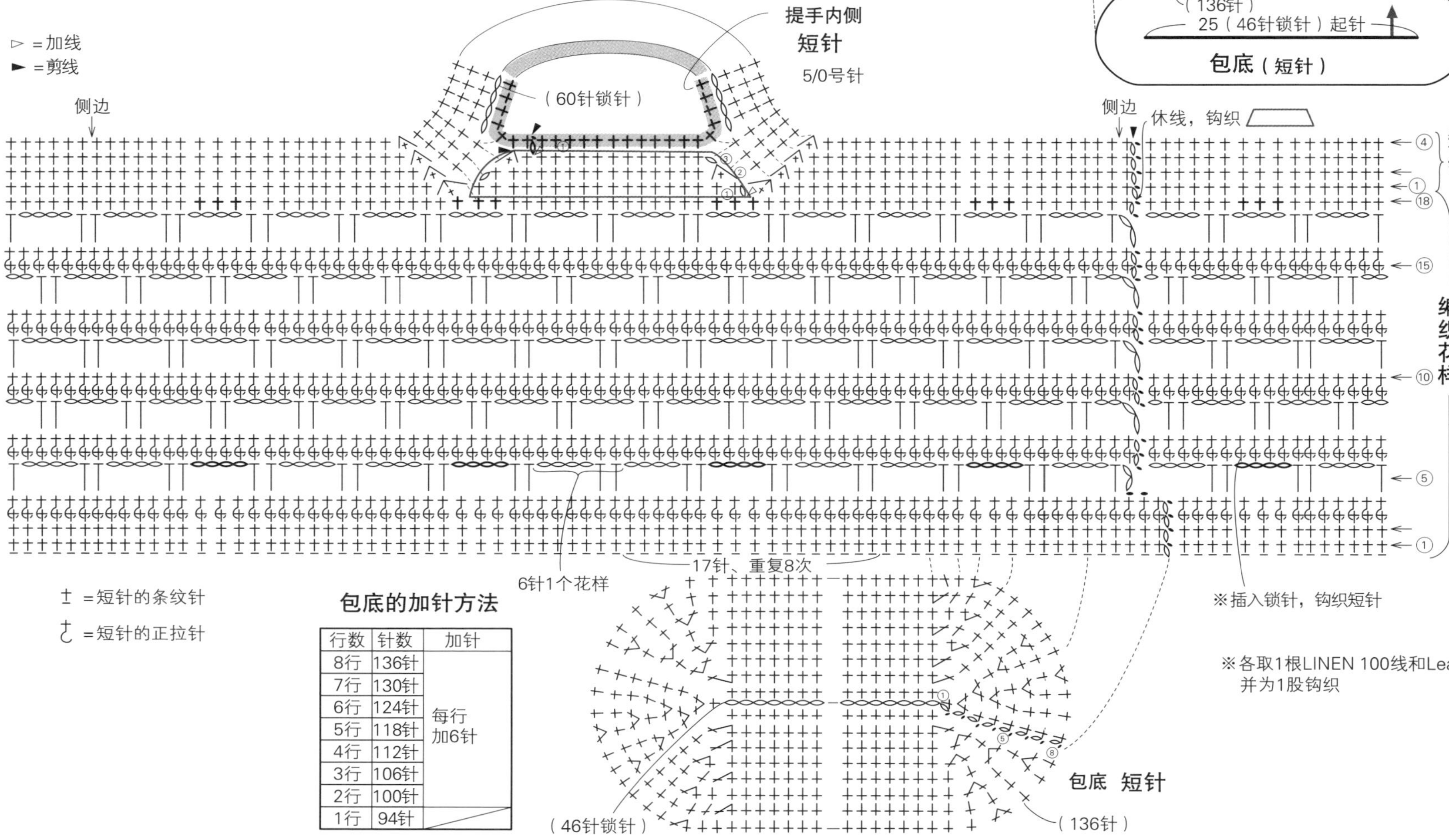

▷ ＝加线
► ＝剪线

± ＝短针的条纹针
ᘔ ＝短针的正拉针

包底的加针方法

行数	针数	加针
8行	136针	每行加6针
7行	130针	
6行	124针	
5行	118针	
4行	112针	
3行	106针	
2行	100针	
1行	94针	

※各取1根LINEN 100线和Leafy线并为1股钩织

8 | 11页

●**材料** Cotton Kona Fine（细）薰衣草色（354）230g/10团
●**工具** 钩针4/0号
●**成品尺寸** 胸围94cm，衣长43cm，连肩袖长42cm
●**编织密度** 编织花样24针10cm，1个花样3.5cm（4行）
●**编织要点** **前、后身片** 用编织线锁针起针，第1行挑起锁针的半针和里山2根线，钩织25行编织花样。袖下起针，按照和身片第1行相同的方法挑针，做编织花样。钩织相同的2片。**组合** 肩部、袖中心对齐，做半针的卷针缝缝合。胁部使用毛线缝针做挑针缝合。袖下使用毛线缝针做挑针缝合。

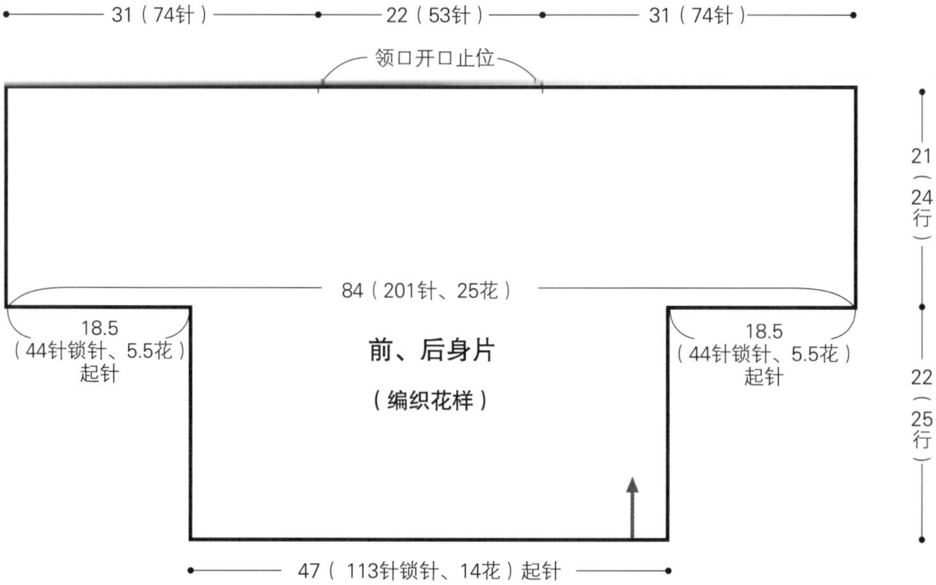

※ 花＝个花样，全部使用4/0号针钩织

编织花样

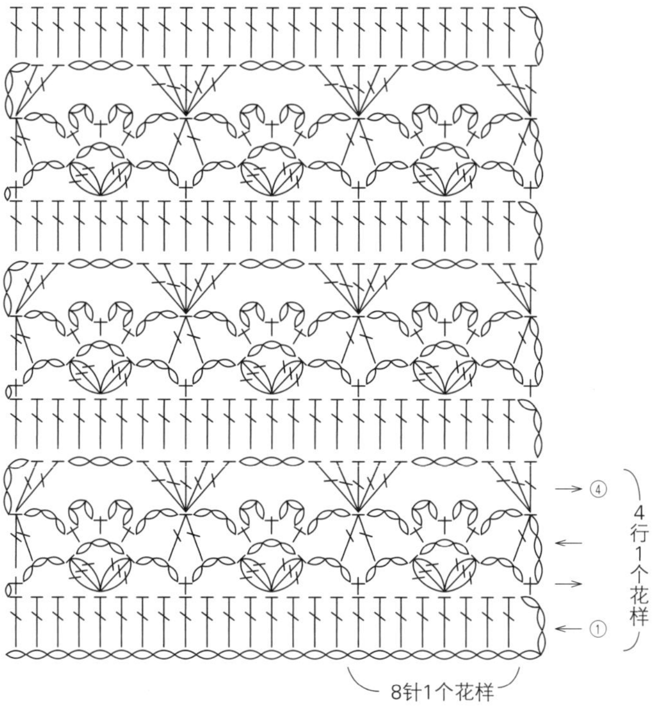

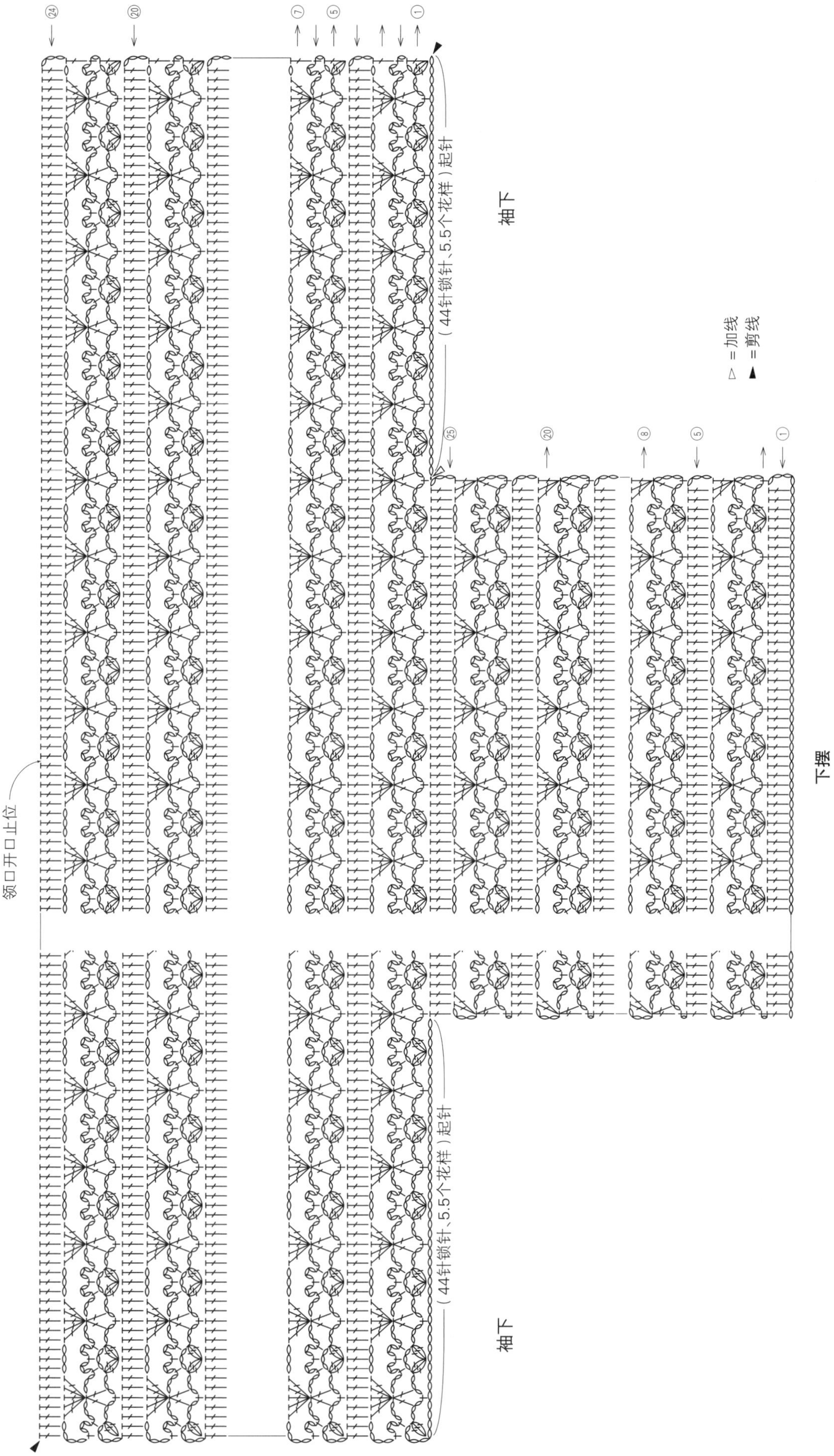
袖下
（44针锁针、5.5个花样）起针
▷ = 加线
▶ = 剪线
下摆
领口开口止位
袖下
（44针锁针、5.5个花样）起针

9 | 12页

●**材料** LINEN 100(粗)海军蓝色(907)140g/4团

●**工具** 钩针4/0号

●**成品尺寸** 胸围110cm，衣长41cm，连肩袖长23.5cm

●**编织密度** 10cm×10cm面积内：编织花样27.5针，8.5行

●**编织要点** **后身片** 用编织线锁针起针，第1行挑起锁针的半针和里山2根线，等针直编做编织花样。领窝部分左、右分别钩织。**前身片** 起针方法和后身片相同，按照图示做编织花样。胁部参照图示挑针，钩织长针。**组合** 肩部对齐做卷针缝缝合。前腋下和后胁做卷针缝缝合。领口、袖口钩织2行短针，角部的编织方法参照图示。下摆的短针将前、后身片连在一起做环形编织。

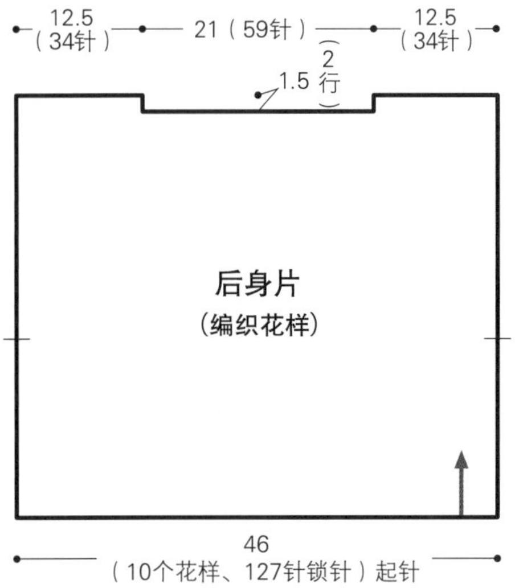

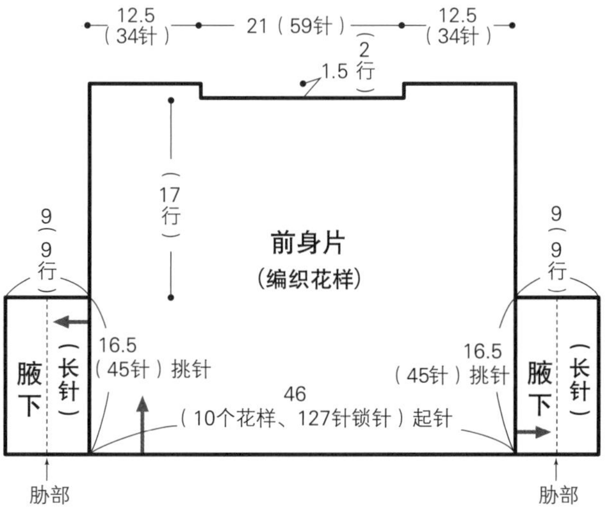

※全部使用4/0号针钩织

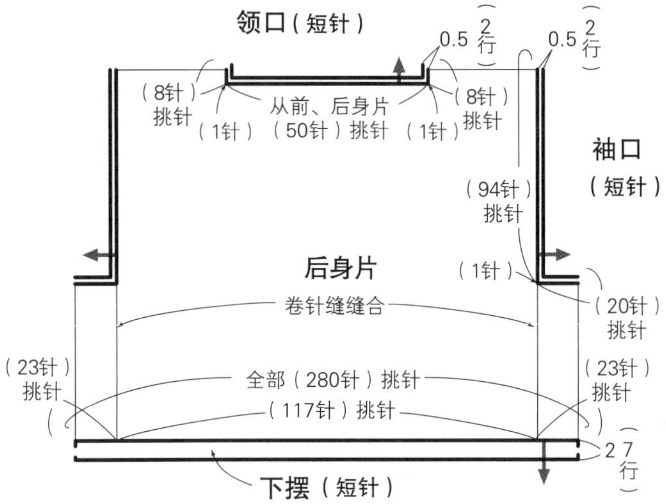

短针

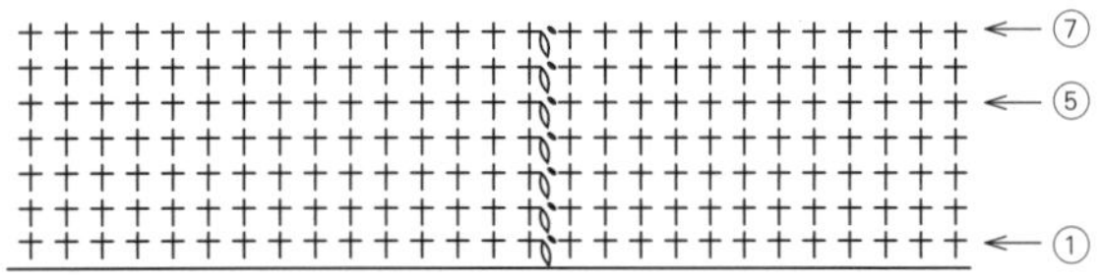

领口、袖口角部的编织方法

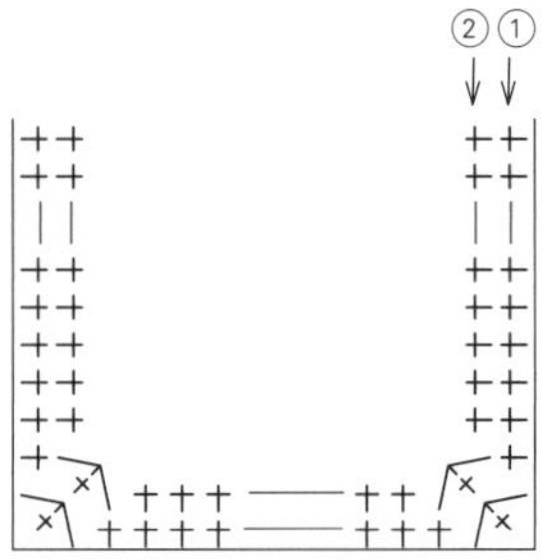

编织花样

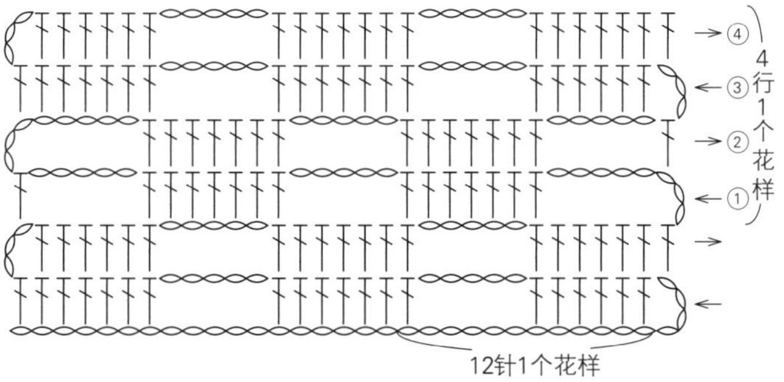

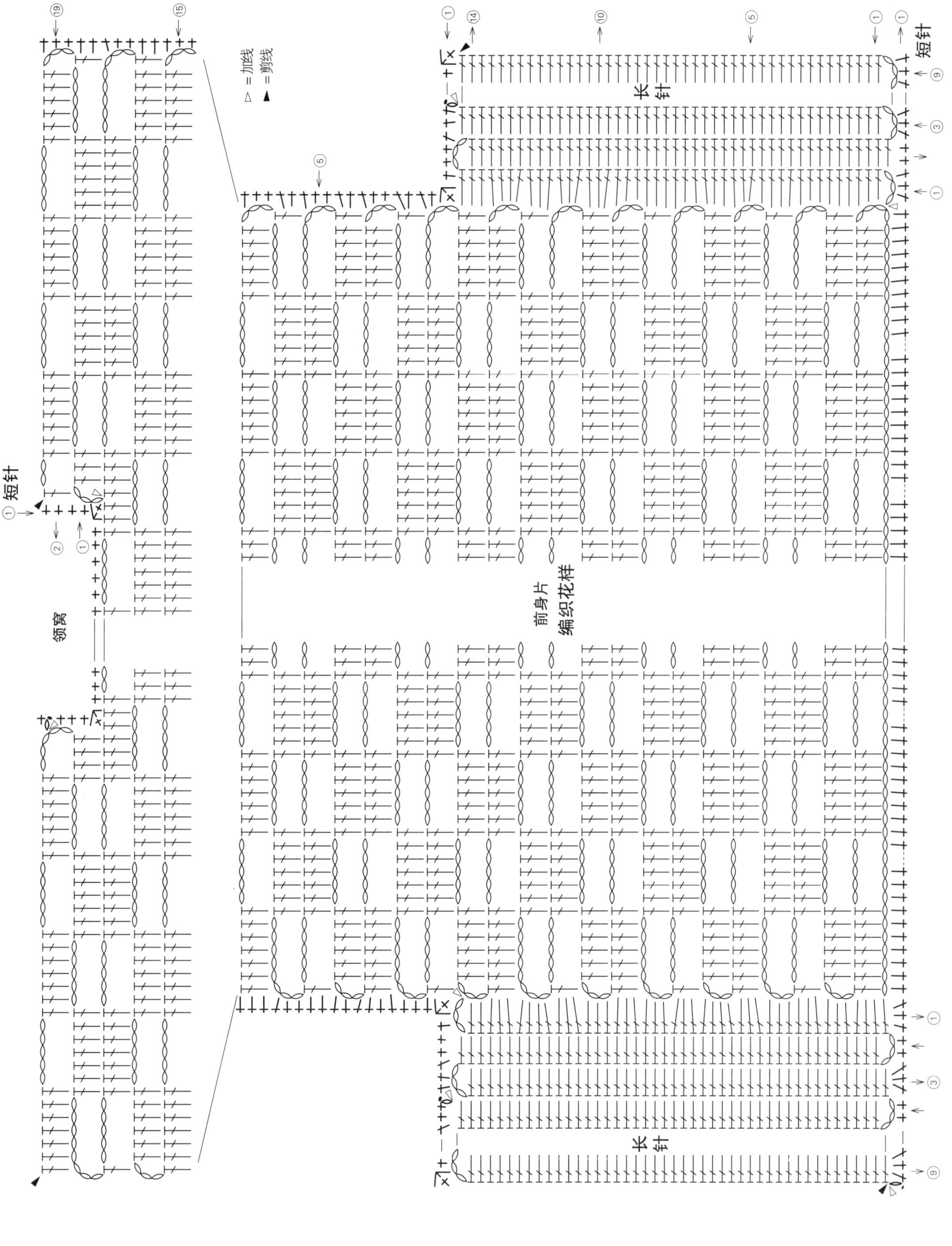
▷ ＝加线
▶ ＝剪线
短针
长针
前身片
编织花样
领窝

10 | 13页

●**材料** LINEN 100（粗）淡棕色（903）190g/5团

●**工具** 棒针6号

●**成品尺寸** 宽75cm，衣长50cm

●**编织密度** 10cm×10cm面积内：编织花样19针，28.5行

●**编织要点** **后身片** 手指起针，做编织花样。领口开口的针目做伏针收针，肩部针目休针。**前身片** 编织方法和后身片相同。**组合** 肩部将前、后身片反面朝外对齐，做盖针接合。

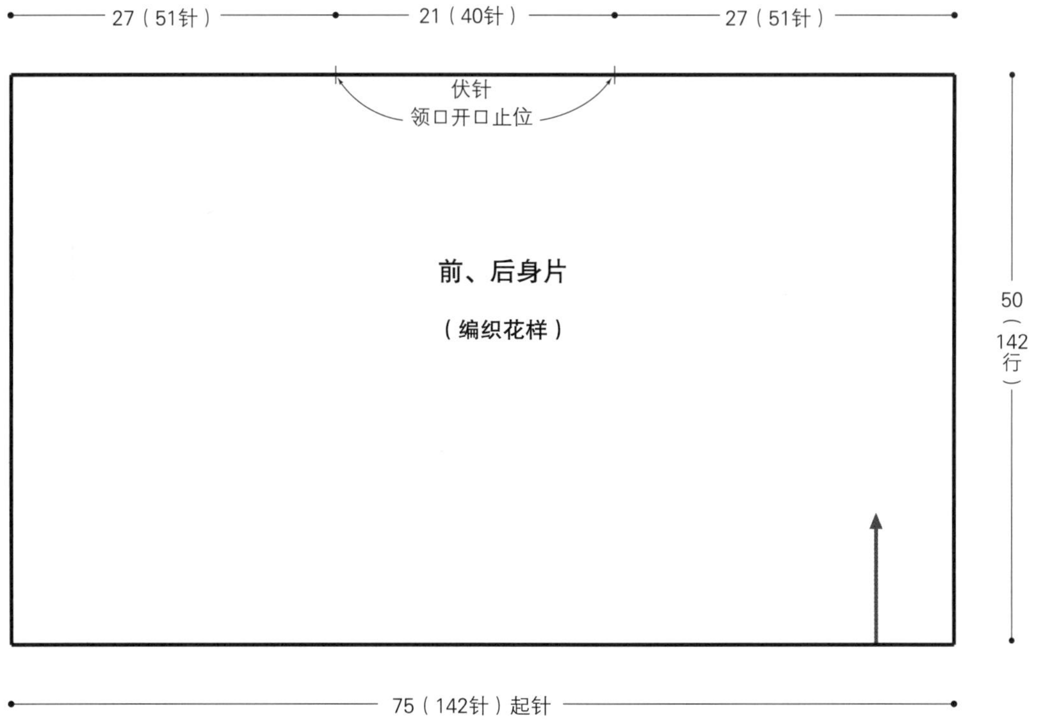

※全部使用6号针编织

编织花样

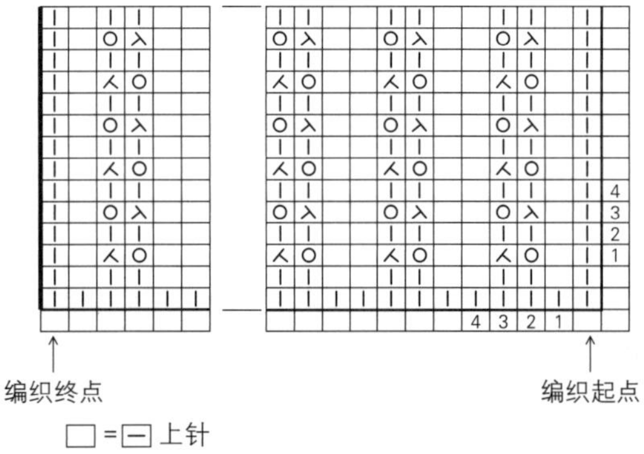

11 | 14页

●**材料** LINEN 100(粗)**作品a:**棕色(904)115g/3团。**作品b:**白色(901)115g/3团

●**工具** 棒针9号

●**成品尺寸** 宽31cm，长151cm

●**编织密度** 10cm×10cm面积内：编织花样19.5针，21行

●**编织要点** 手指起针，编织4行起伏针。然后在左、右各编织3针起伏针，在中央布局编织花样，等针直编。编织终点编织4行起伏针，做伏针收针。

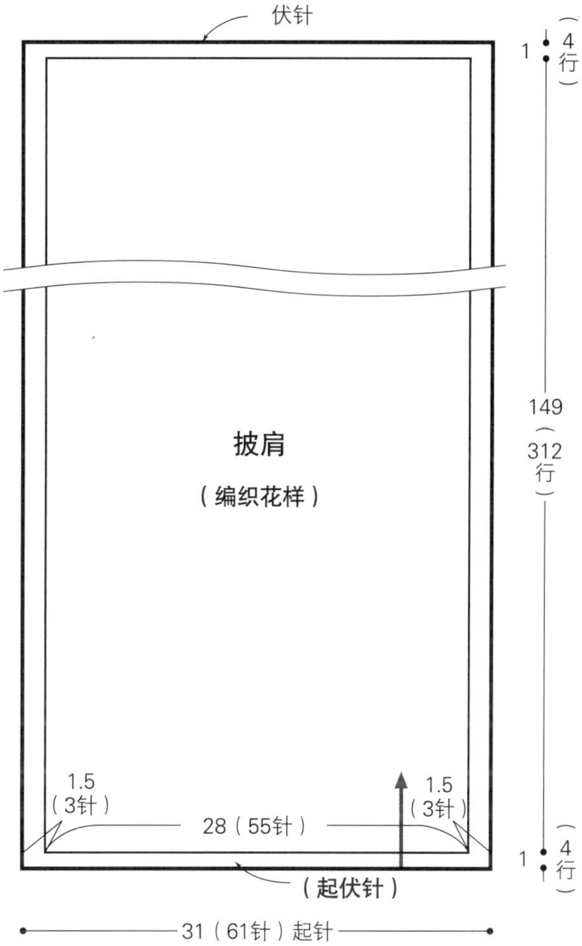

※全部使用9号针编织

编织花样

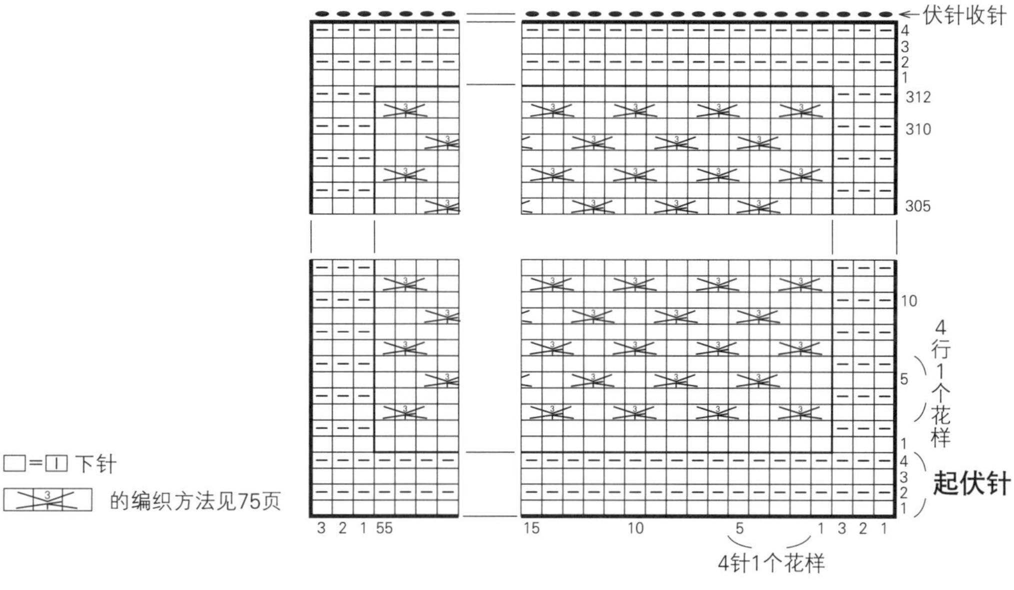

12 ｜ 16页

●**材料** Arabis（中细）摩卡棕色（1119）225g/6团

●**工具** 棒针6号，钩针5/0号

●**成品尺寸** 胸围92cm，肩宽35cm，衣长50cm，袖长38.5cm

●**编织密度** 10cm×10cm面积内：编织花样B 28.5针，28行

●**编织要点** **后身片** 手指起针，从下摆开始做34行编织花样A，然后做编织花样B。袖窿、领窝编织伏针和立起端头1针减针，肩部做引返编织，休针。**前身片** 起针方法和后身片相同，按照相同方法编织。左右对称编织2片。**衣袖** 起针方法和身片相同，袖下编织扭针加针。袖山最终行做伏针收针。**组合** 肩部将前、后身片反面朝外对齐，钩织引拔针接合。胁部、袖下使用毛线缝针做挑针缝合。前门襟、领口用钩针做编织花样C。衣袖钩织引拔针接合于身片。

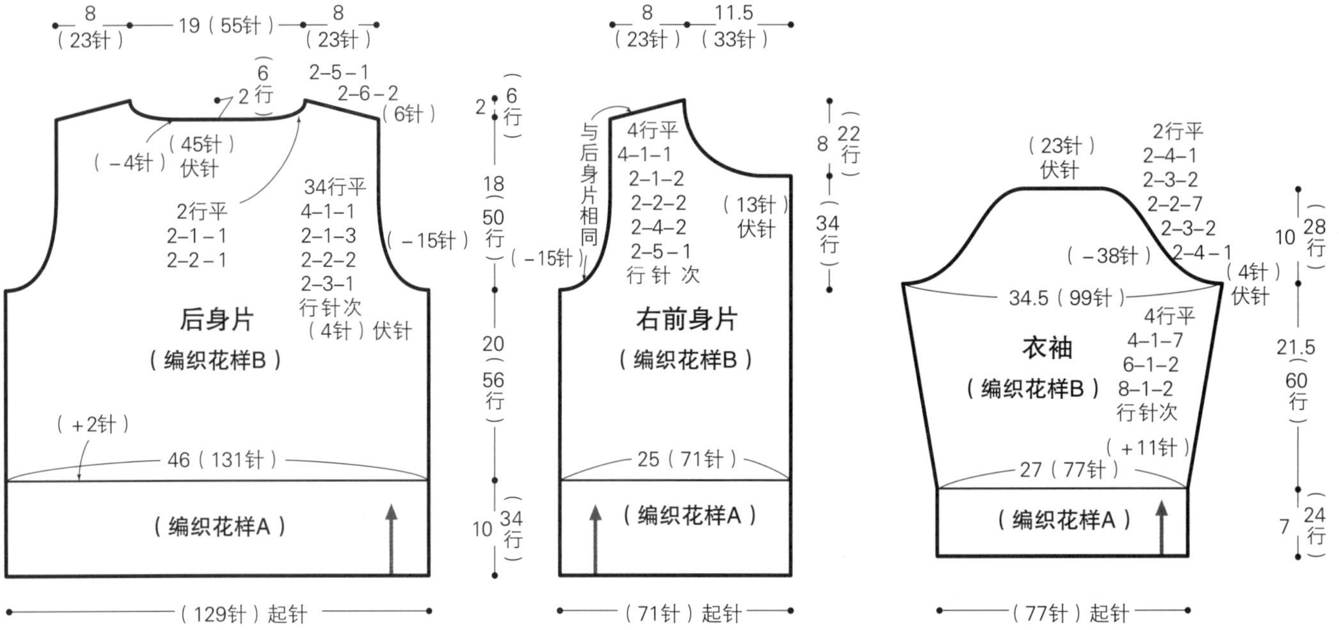

※除指定以外均用6号针编织

※左前身片和右前身片左右对称编织

编织花样A

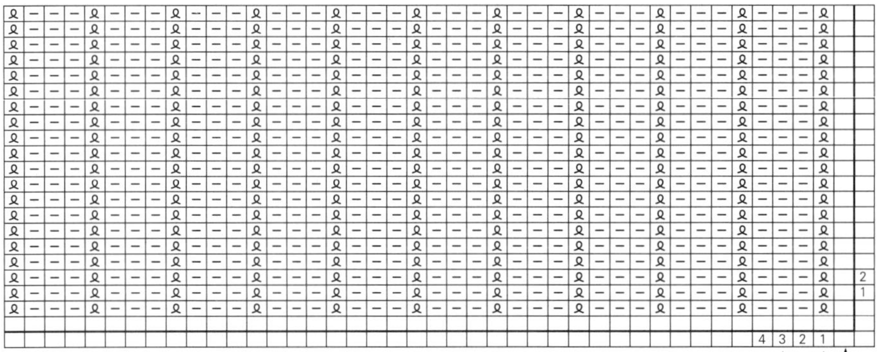

□=□ 下针

※端头编织下针

编织花样B

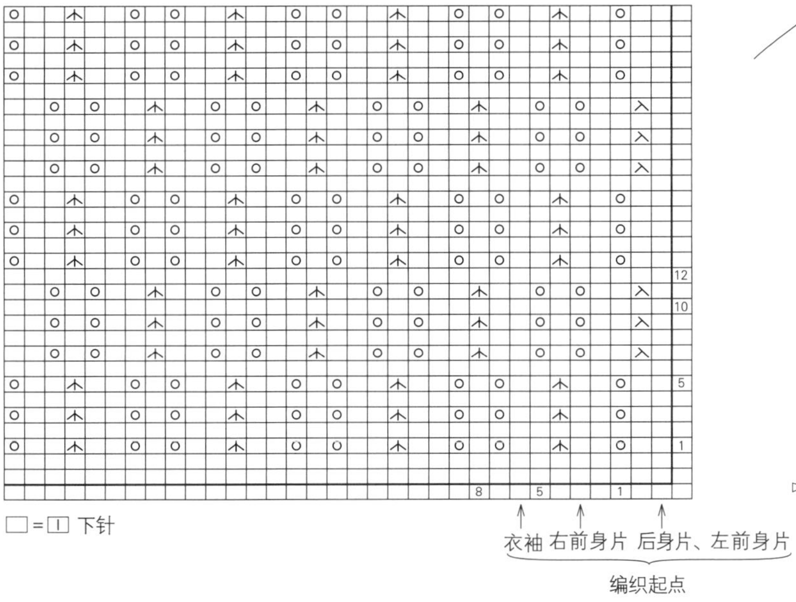

□=① 下针

前门襟、领口（编织花样C）5/0号针

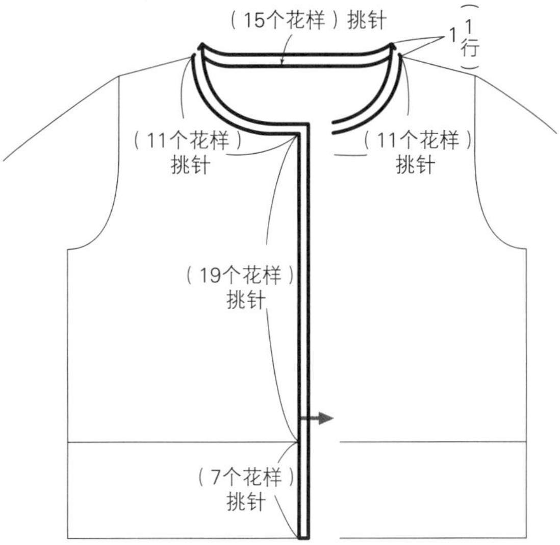

▷ =加线

编织花样C

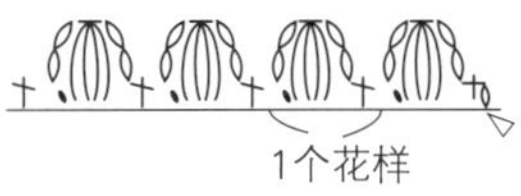

右前身片的编织花样B

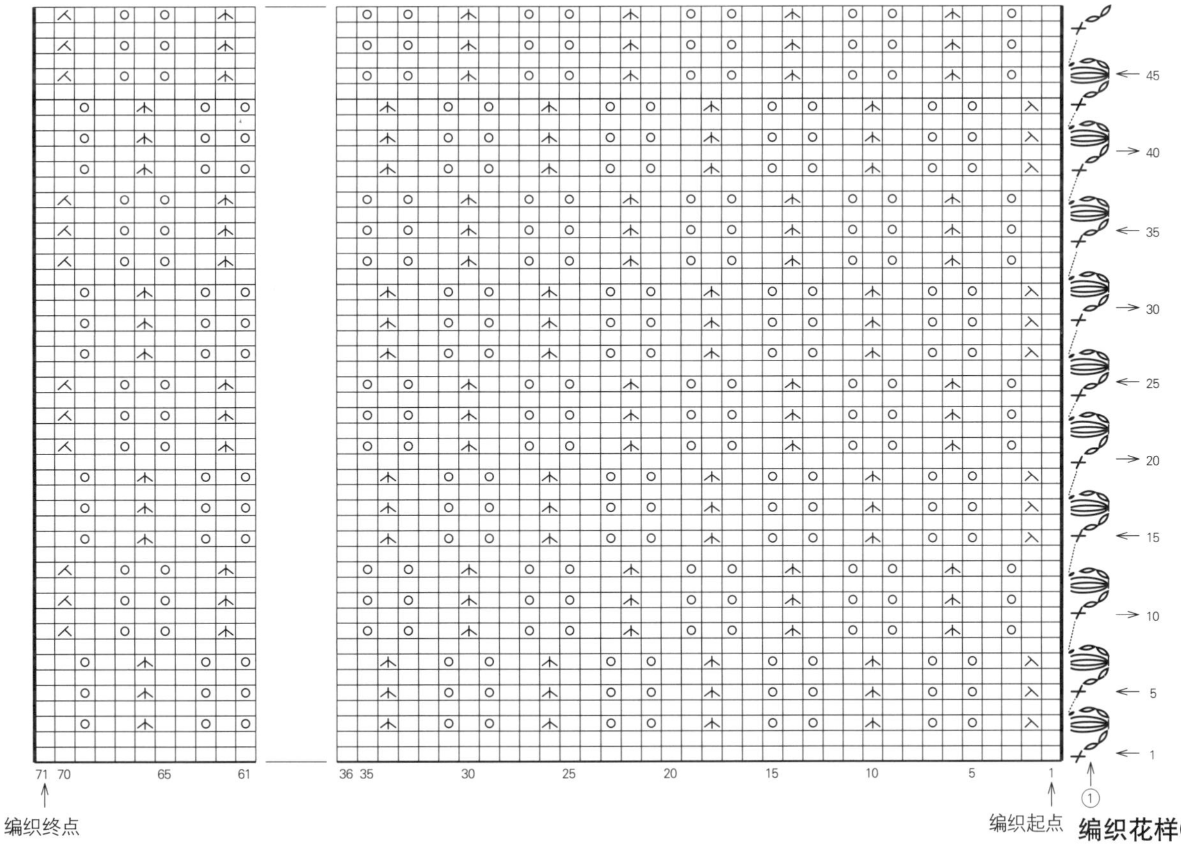

□=① 下针

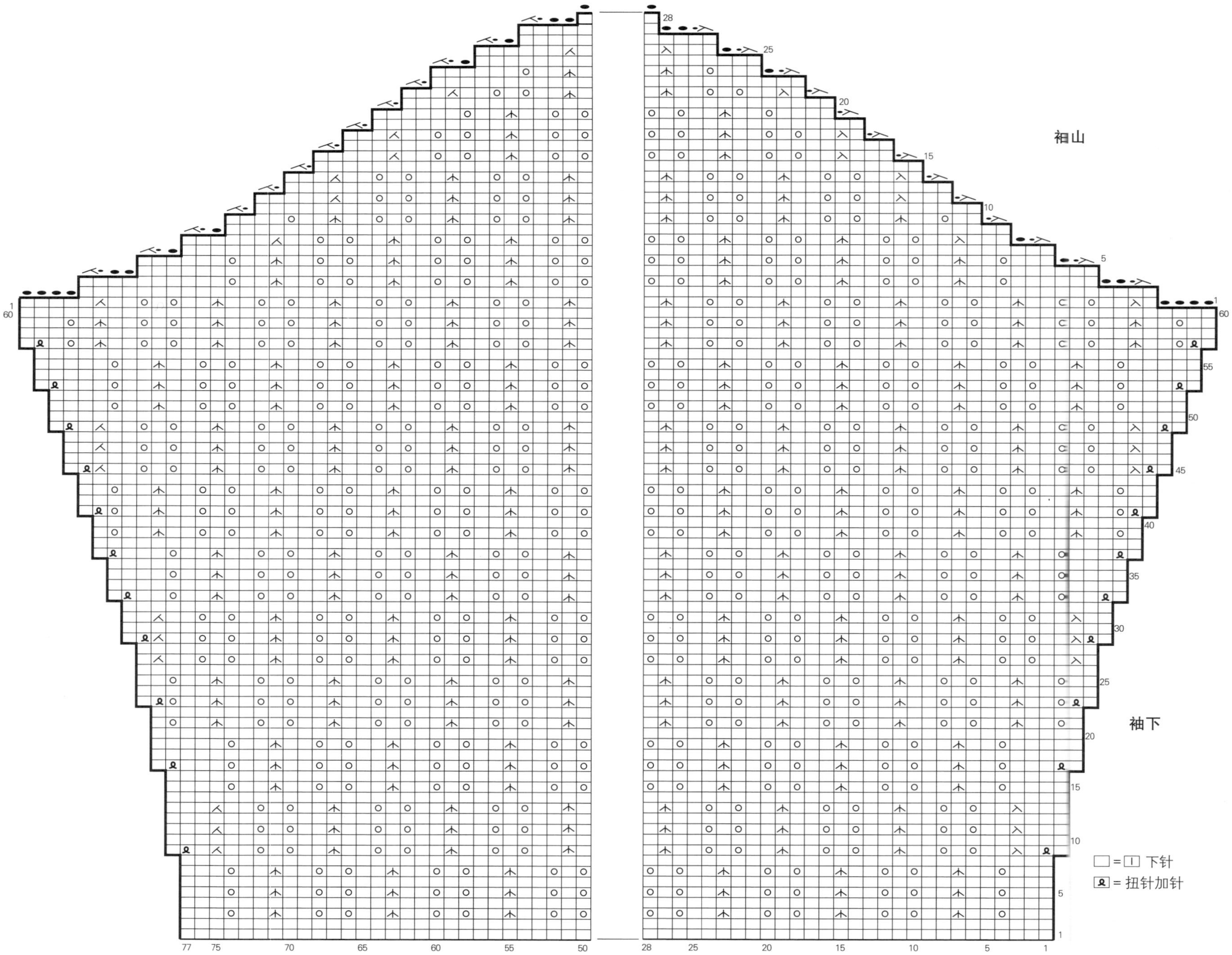

袖山
袖下
□ = □ 下针
ᘯ = 扭针加针

13 | 18页

●**材料** Saint-Gilles（细）黄色（126）175g/7团，直径1.15cm的纽扣1颗

●**工具** 钩针4/0号

●**成品尺寸** 胸围97cm，衣长48.5cm，连肩袖长26.5cm

●**编织密度** 10cm×10cm面积内：编织花样28.5针，12行

●**编织要点** **后身片** 用编织线锁针起针，第1行挑起锁针的半针和里山2根线，做编织花样。参照图1钩织领窝。**前身片** 起针方法和后身片相同，参照图2、图3钩织左、右前身片。**组合** 肩部重复钩织“1针短针、2针锁针”接合，胁部重复钩织“1针引拔针、2针锁针”接合。从下摆的边缘编织B接着钩织前门襟的边缘编织B和领口的边缘编织A。左前领端缝上纽扣。

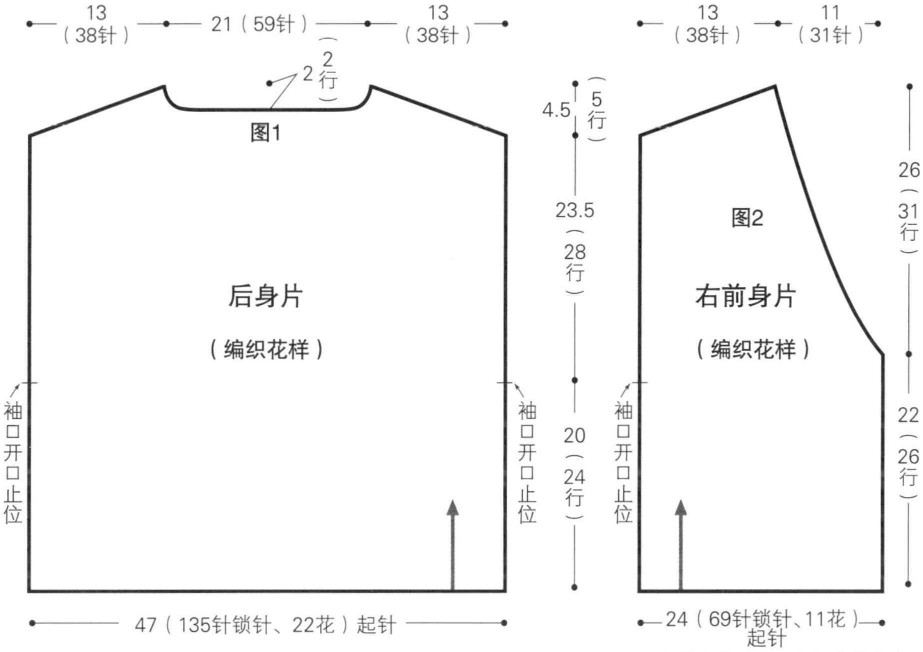

※花＝个花样
※全部使用4/0号针钩织

※左前身片（图3）和右前身片左右对称编织

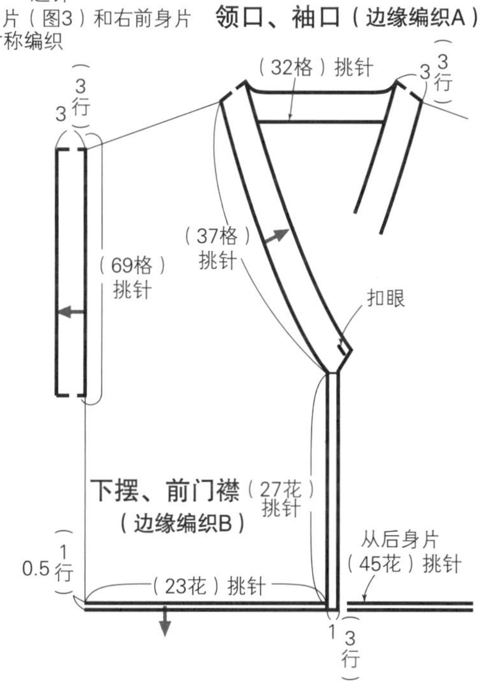

编织花样

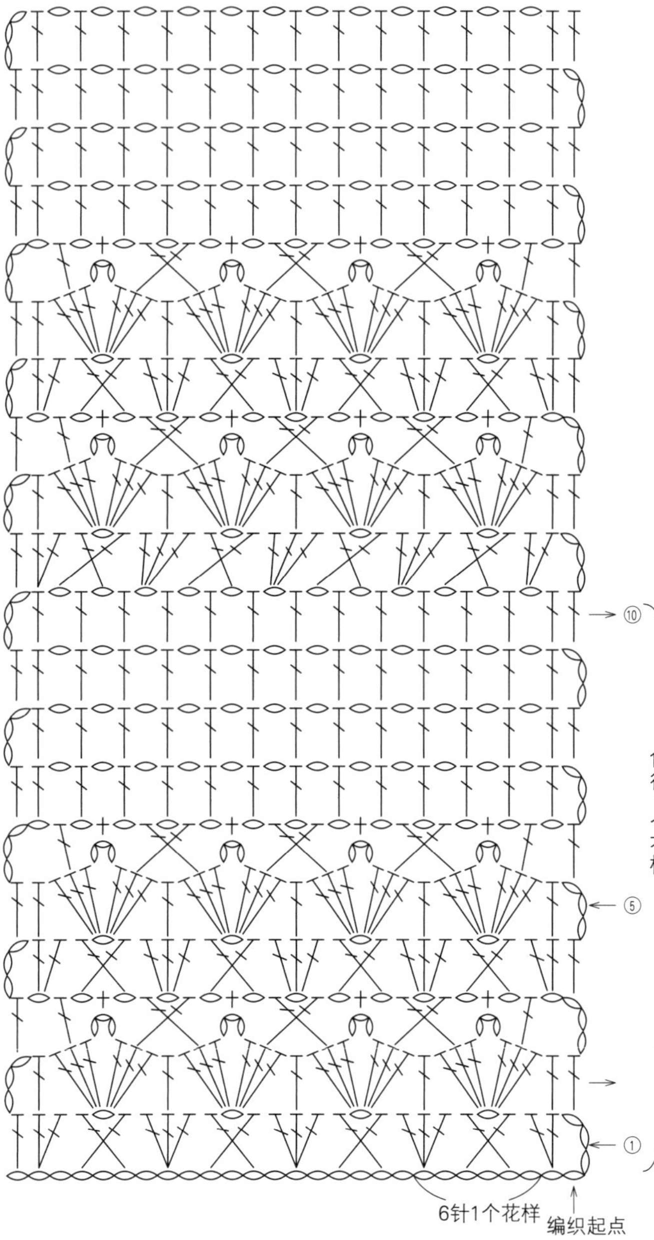

边缘编织A（领口）

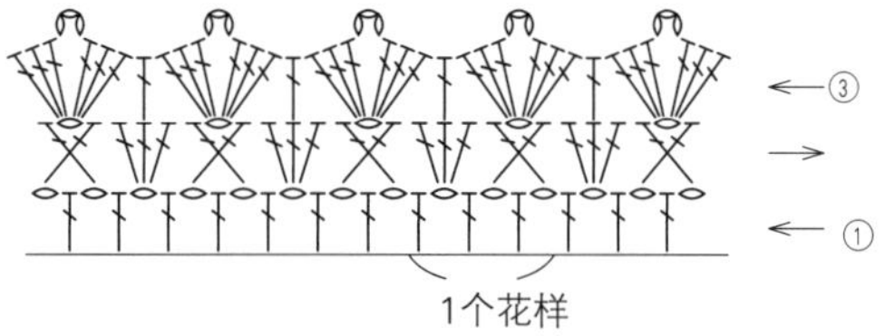

边缘编织A（袖口）

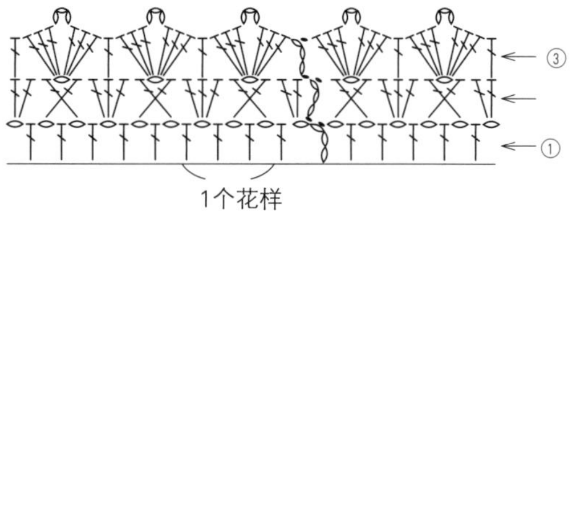

边缘编织B（前门襟、下摆）

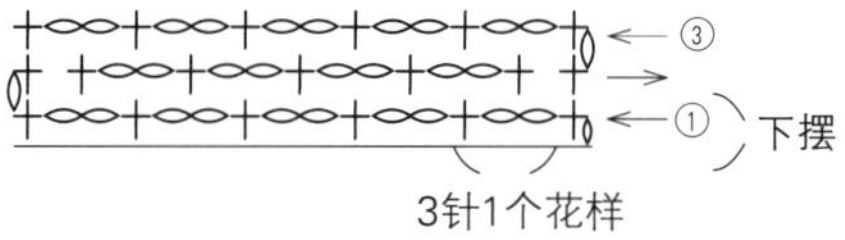

图1

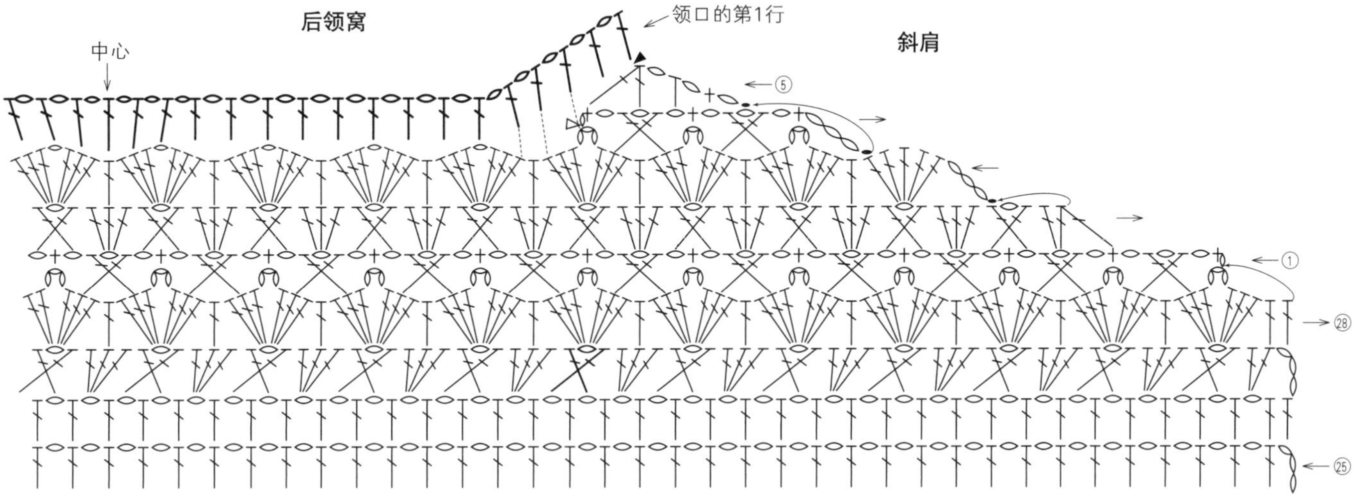

▷ =加线
► =剪线
⌒ = 渡线

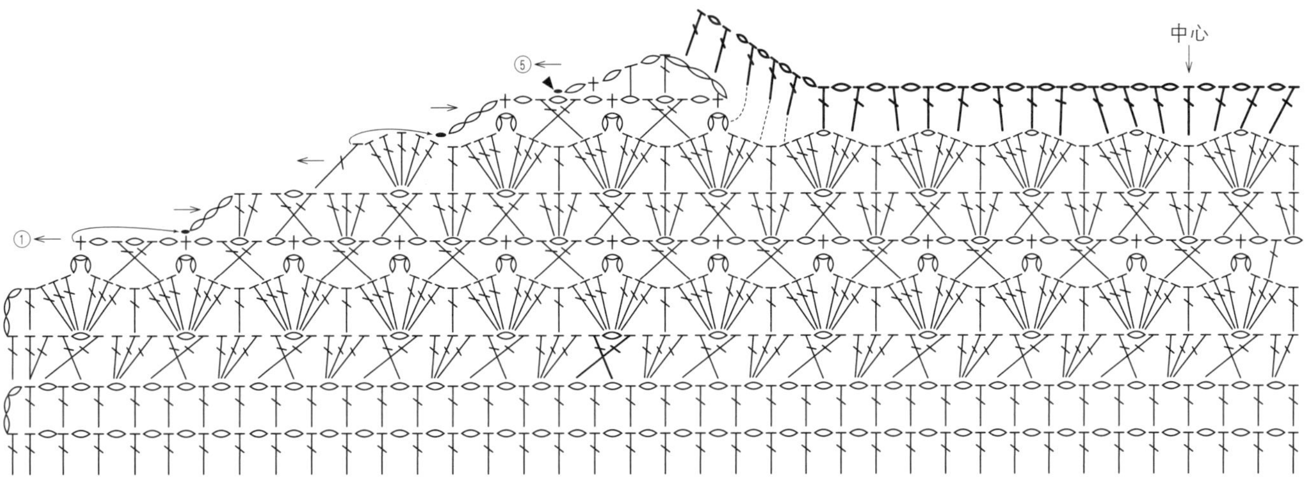

图2
右前身片的编织方法图

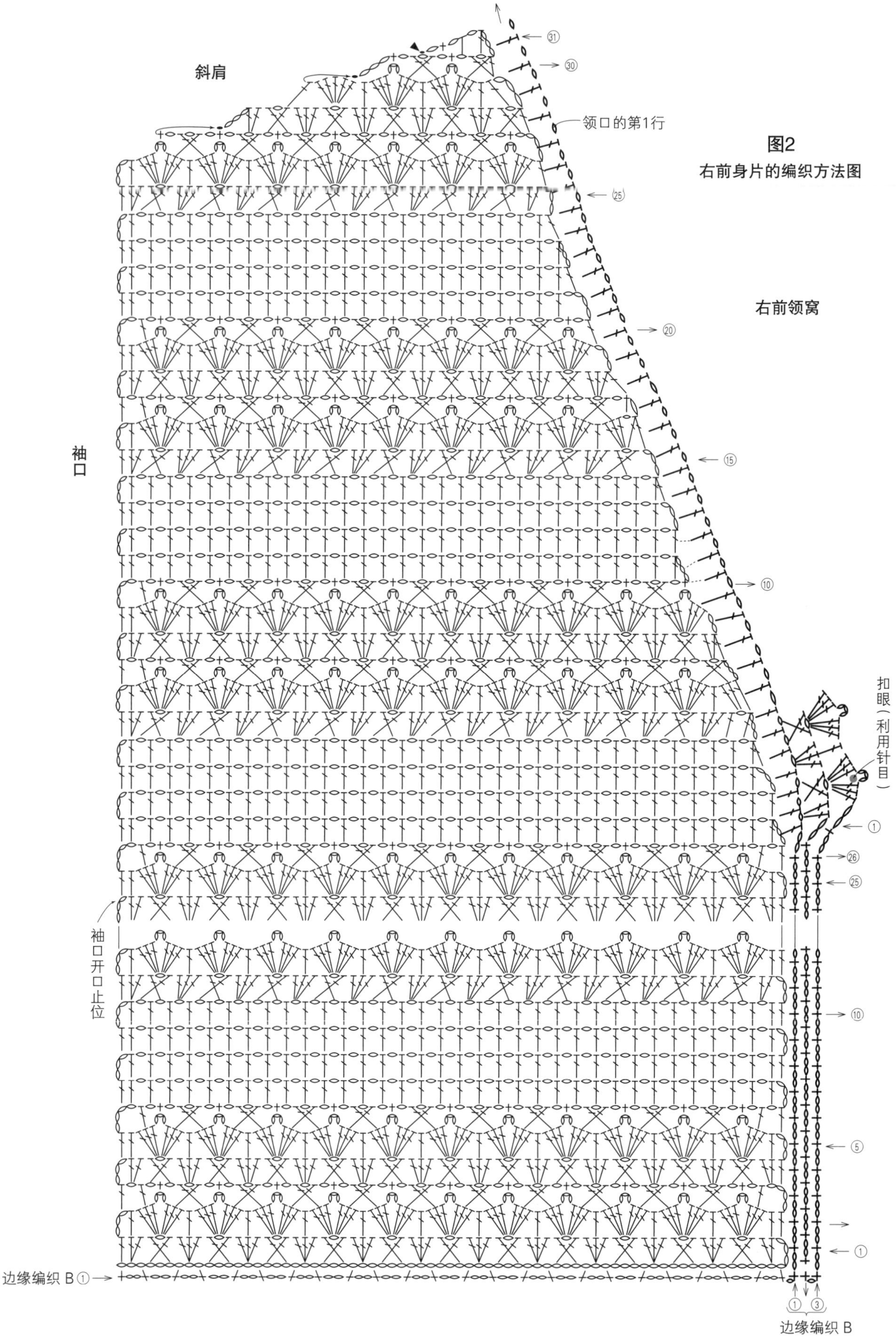

图3

左前身片的编织方法图

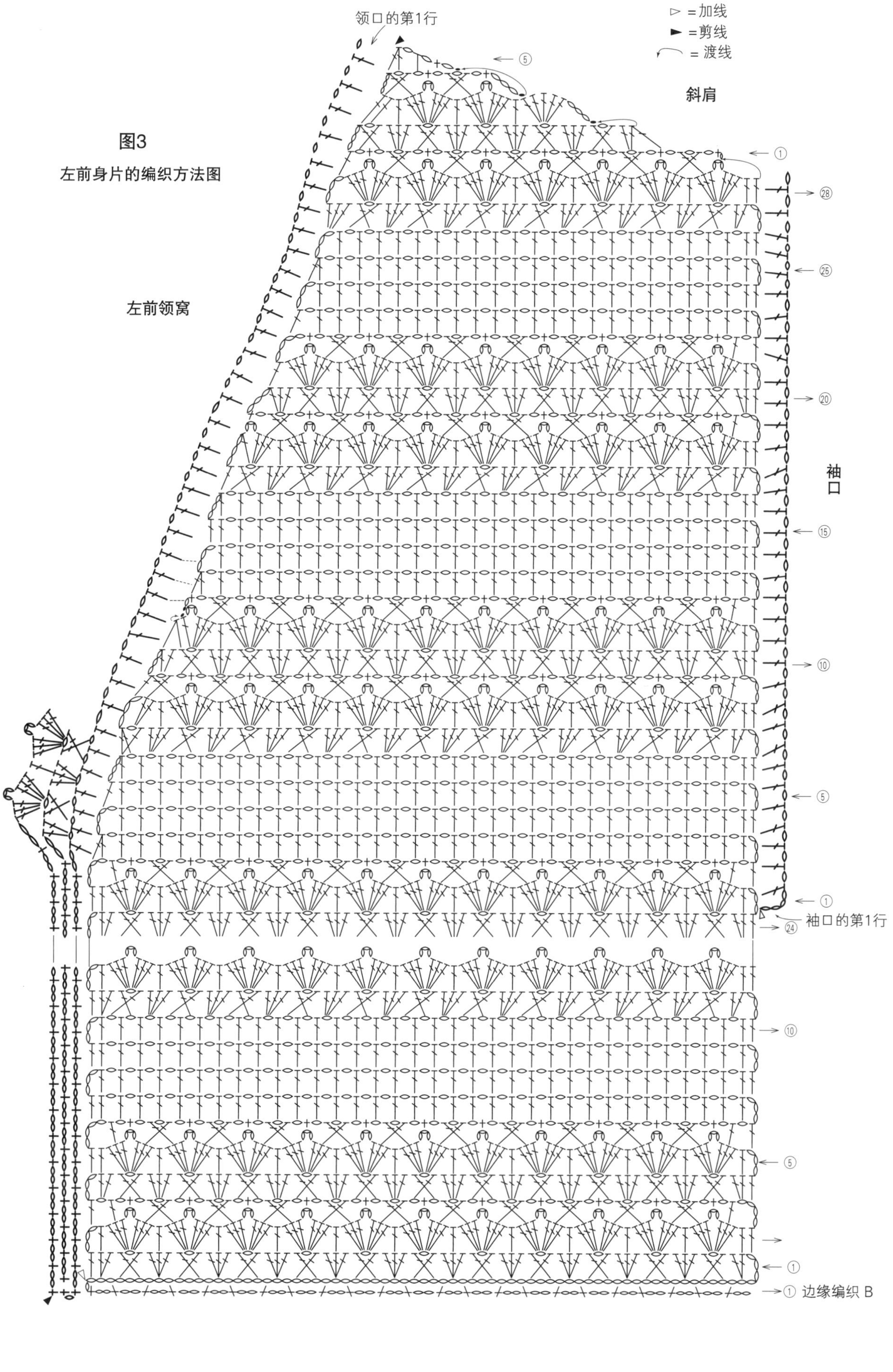

15 | 20页

●**材料**　**作品a：**ricordo（粗）粉色系多色混合（604）140g/4团。**作品b：**Astro（中细）深浅黄色、褐色系段染（503）100g/4团

●**工具**　钩针5/0号

●**成品尺寸**　**作品a：**胸围92cm，衣长48.5cm。**作品b：**胸围88cm，衣长46cm

●**编织密度**　编织花样的参考密度：作品a为28针，8行；作品b为27.5针，9行

●**编织要点**　**后身片**　从左肩的花片开始钩织。环形起针，立织3针锁针，然后参照图示钩织。从花片挑针，一边给袖窿、领窝加针一边钩织。胁长部分参照图示不加、减针。**前身片**　从右肩的花片开始，按照与后身片相同的方法钩织。**组合**　肩部做半针的卷针缝缝合。胁部一边钩织长针和锁针，一边参照图示接合。

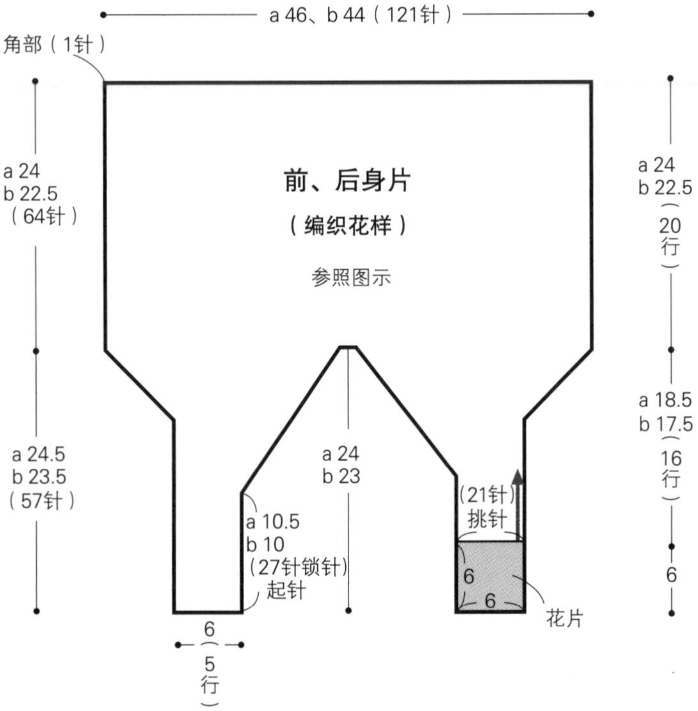

※全部使用5/0号针钩织

组合方法

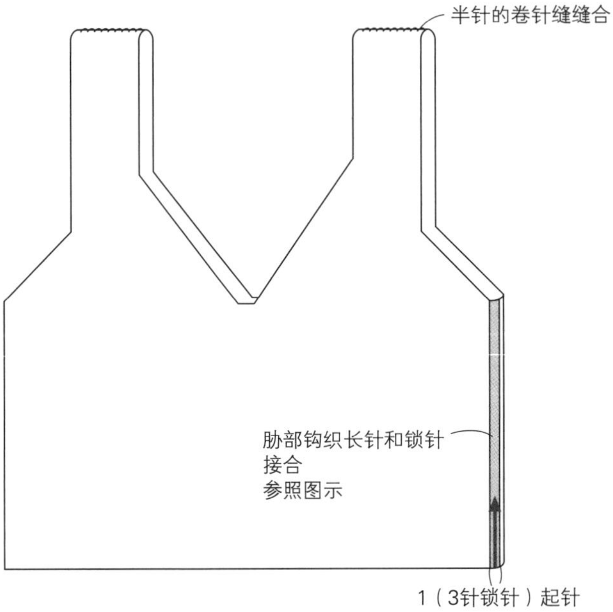

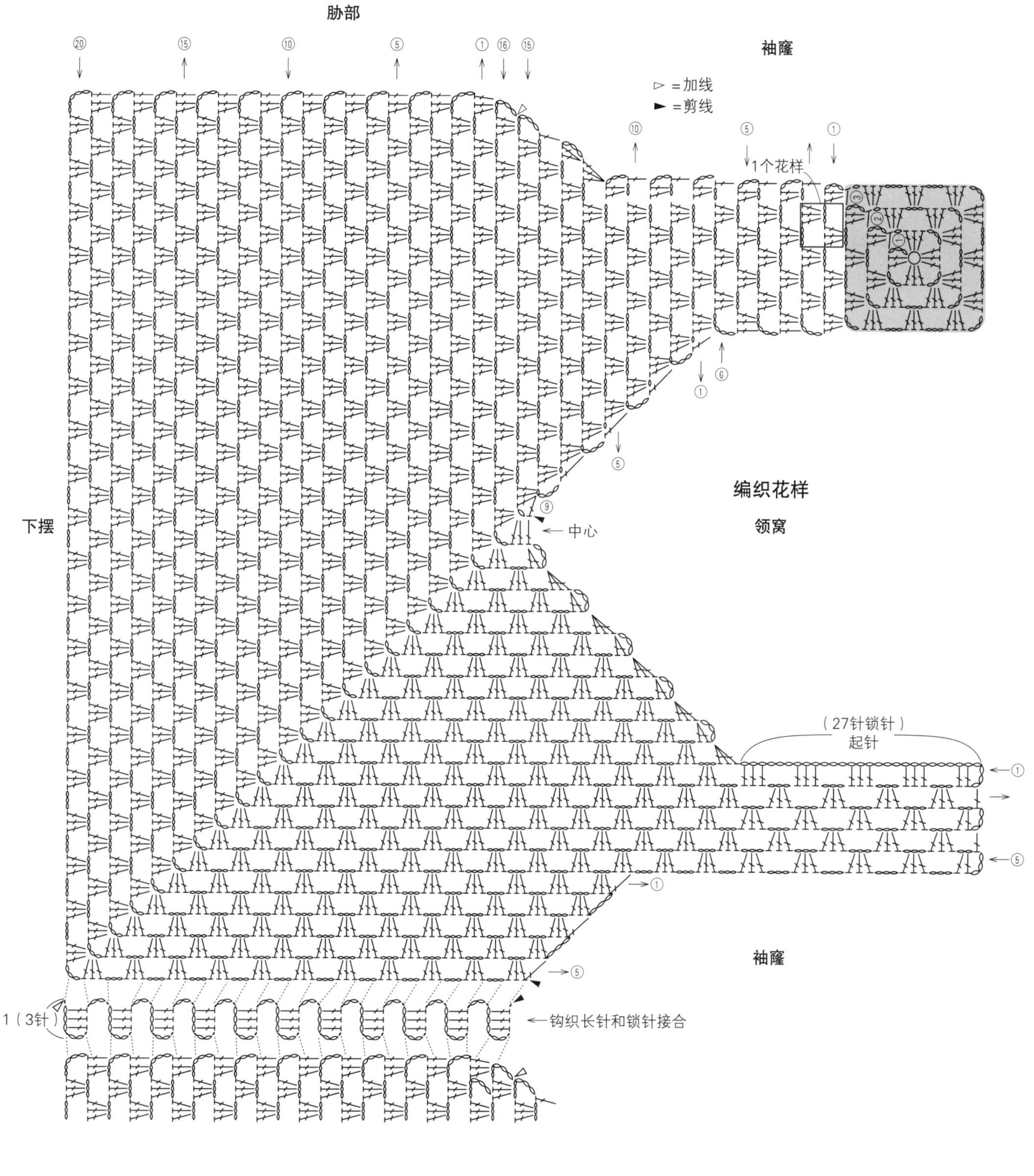

胁部
袖窿
▷ =加线
► =剪线
1个花样
编织花样
领窝
中心
下摆
（27针锁针）
起针
袖窿
1（3针）
钩织长针和锁针接合

16 | 22页

●**材料**　ricordo（粗）紫色系多色混合（606）310g/8团

●**工具**　棒针5号

●**成品尺寸**　胸围94cm，肩宽34cm，衣长62cm，袖长50cm

●**编织密度**　10cm×10cm面积内：下针编织、编织花样A、B均为20.5针，28行

●**编织要点**　**后身片**　手指起针，编织下摆的起伏针，然后做编织花样A、B和下针编织。胁部立起端头1针减针，袖窿和领窝编织伏针和立起端头1针减针，肩部做引返编织，休针。**前身片**　起针方法和后身片相同，和前门襟的起伏针一起编织。参照图示，领窝在前门襟起伏针的内侧减针。后领口编织1针卷针加针，最终针目休针。左右对称编织2片。**衣袖**　起针方法和身片相同，编织起伏针、编织花样A和下针编织。袖下编织扭针加针。**组合**　前、后身片的肩部正面相对对齐，钩织引拔针接合，胁部和袖下使用毛线缝针做挑针缝合。后领口中心做起伏针缝合。后领口和后领窝对齐针与行缝合。衣袖钩织引拔针接合于身片。

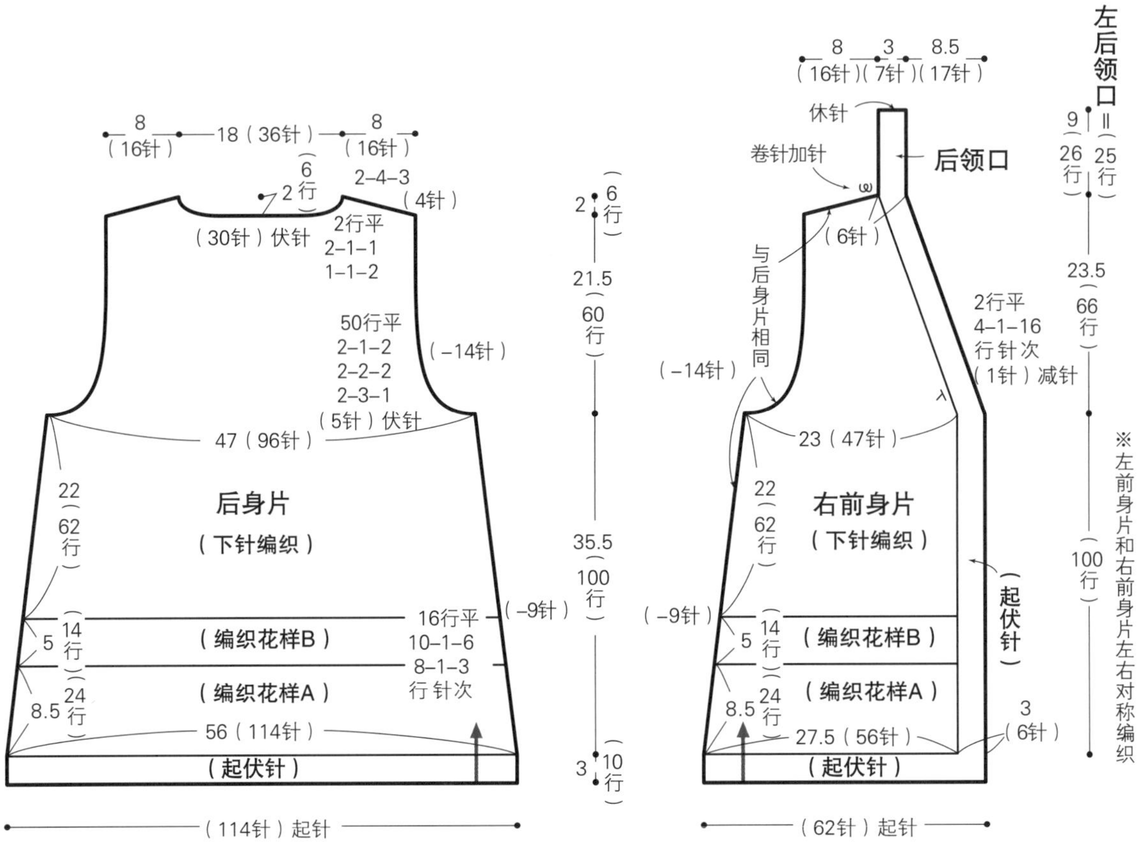

※全部使用5号针编织

编织花样B

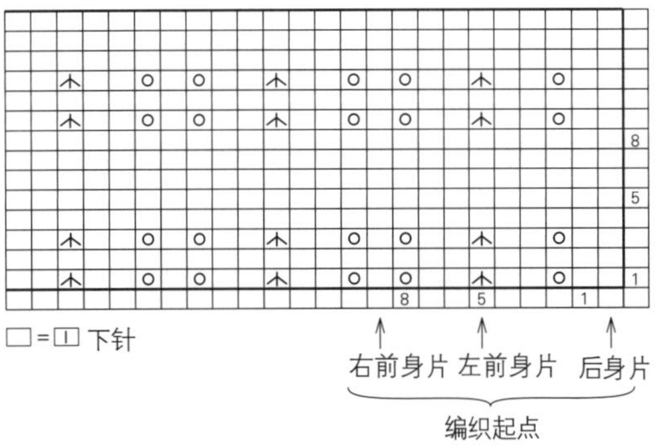

编织花样A

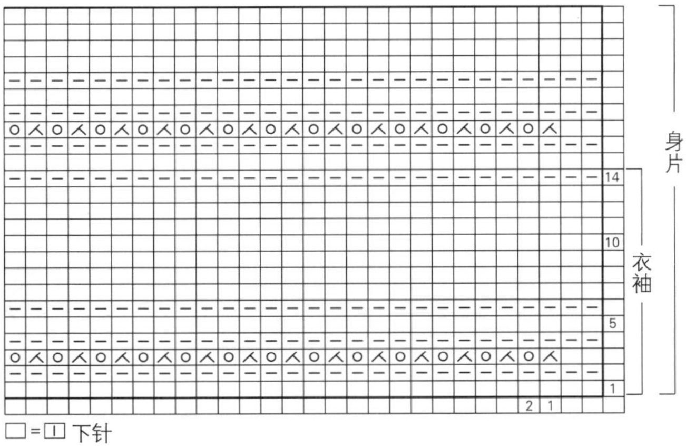

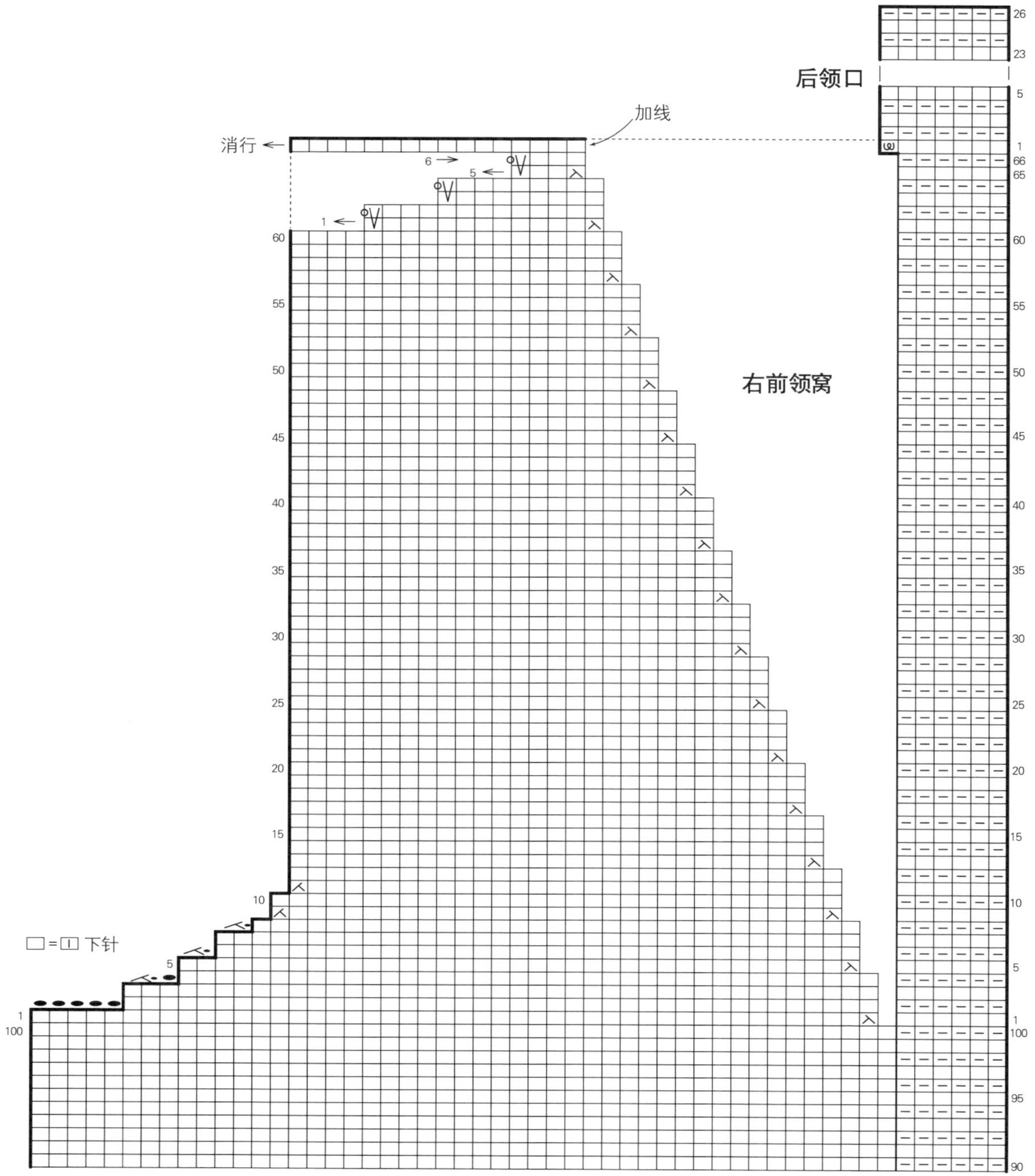
后领口
右前领窝
加线
消行
□=□ 下针

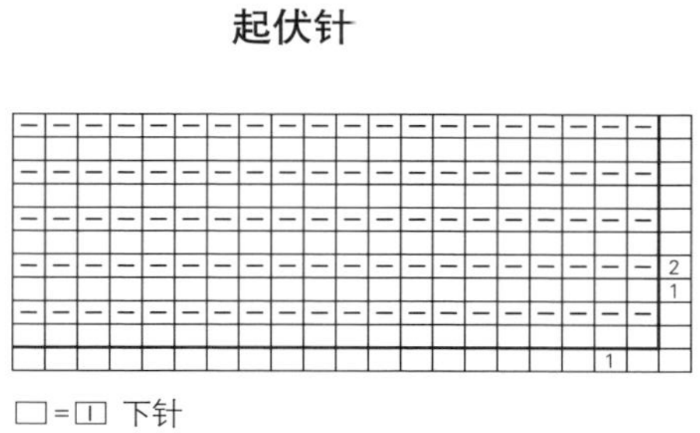
起伏针
□=□ 下针

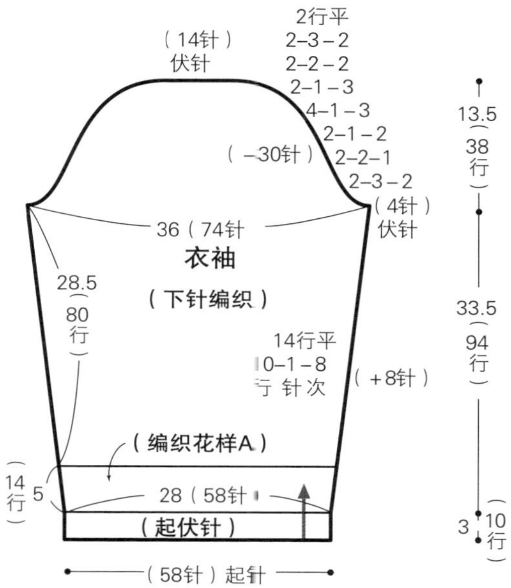
衣袖
（下针编织）
36（74针）
（14针）伏针
2行平
2-3-2
2-2-2
2-1-3
4-1-3
2-1-2
2-2-1
2-3-2
（-30针）
（4针）伏针
28.5（80行）
14行平
10-1-8
行针次
（+8针）
（编织花样A）
28（58针）
（起伏针）
（58针）起针
5（14行）
13.5（38行）
33.5（94行）
3（10行）

17 | 23页

●**材料**　SILK SPIN LAME（细）金银丝线（204）125g/5团

●**工具**　棒针9号、8号

●**成品尺寸**　胸围96cm，衣长49.5cm，连肩袖长28cm

●**编织密度**　10cm×10cm面积内：编织花样20针，24行

●**编织要点**　前、后身片全部横向编织。**后身片**　手指起针，从胁部、袖口开始做编织花样。肩部不加、减针。参照图示，领窝编织伏针、立起端头1针减针和扭针加针，另一侧的肩部等针直编。编织终点做伏针收针，袖口开口止位用毛线做个记号。**前身片**　起针方法和后身片相同，按照相同方法编织。**组合**　肩部使用毛线缝针做挑针缝合。胁部钩织引拔针接合。领口、袖口做边缘编织，编织终点结合上、下针的针目做伏针收针。袖口下使用毛线缝针做挑针缝合。

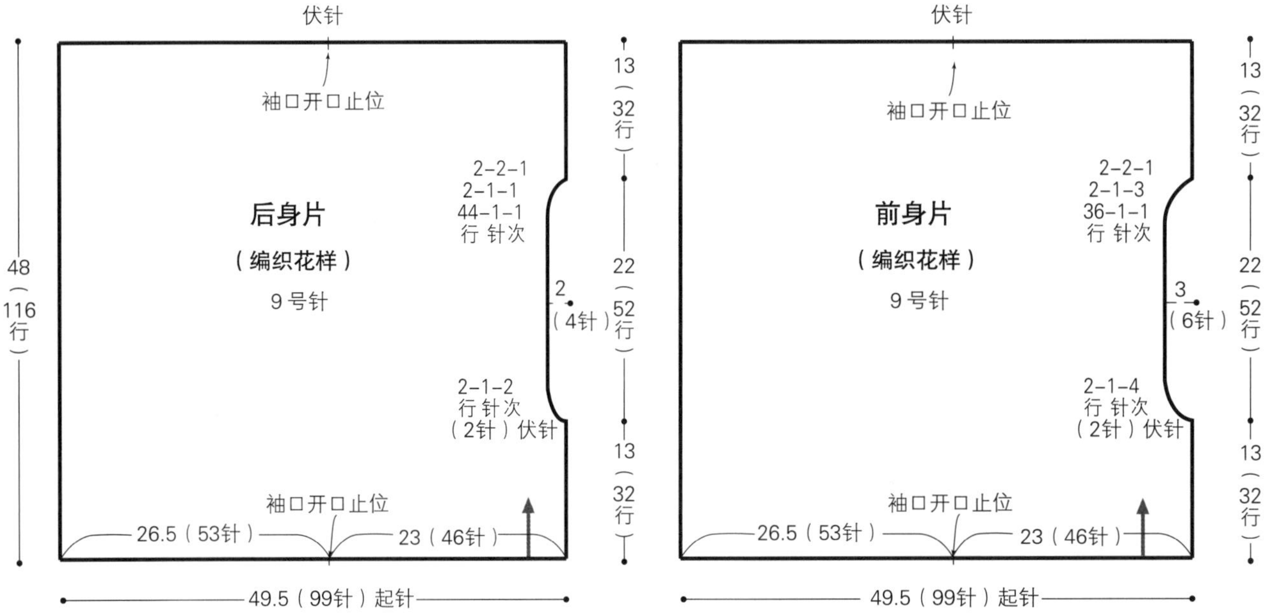

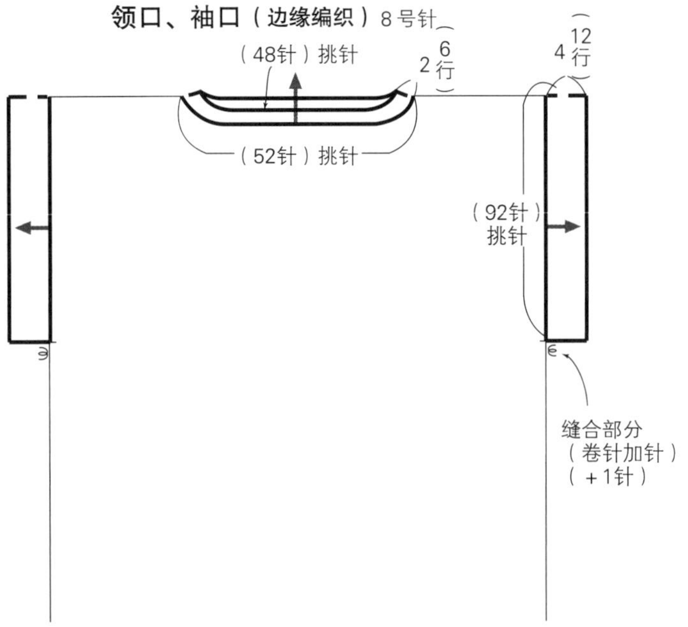

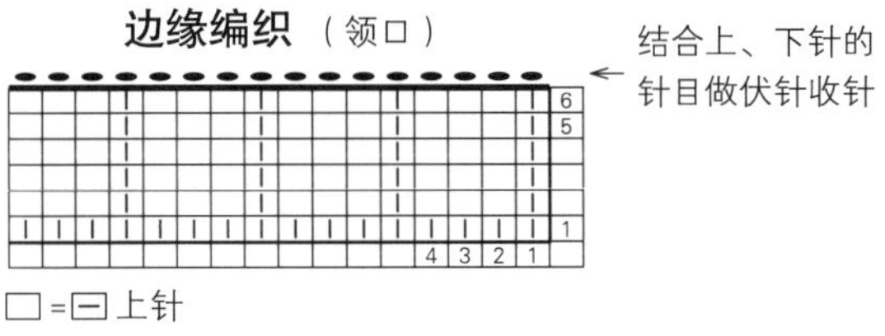

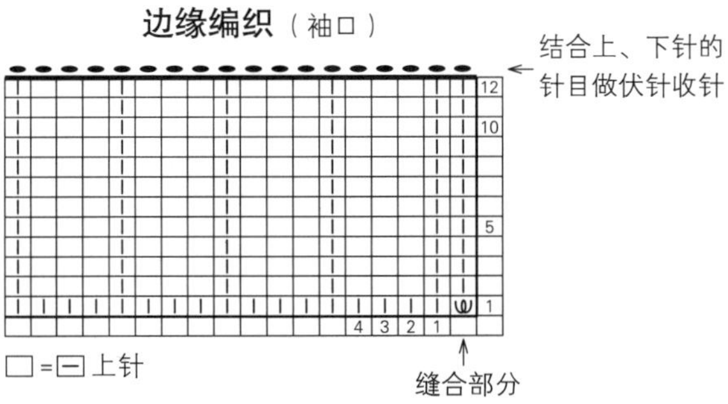

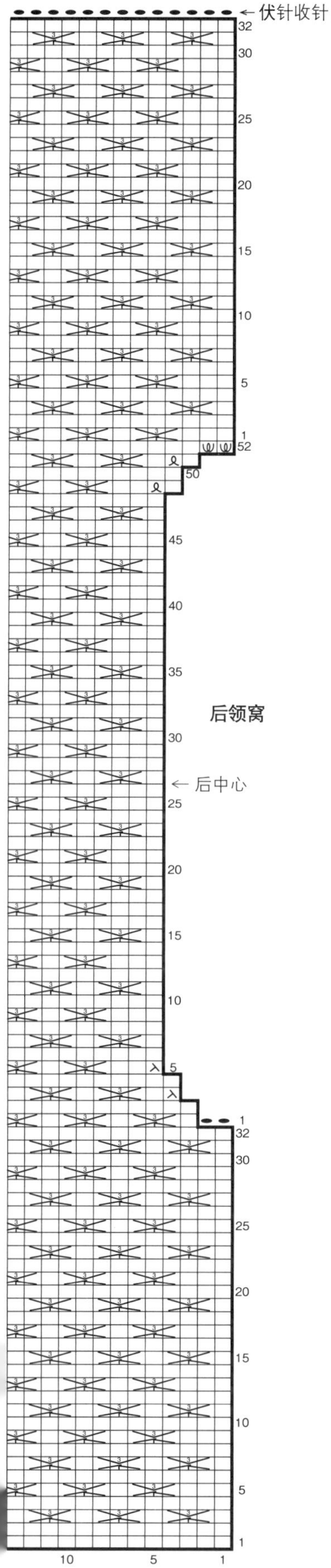

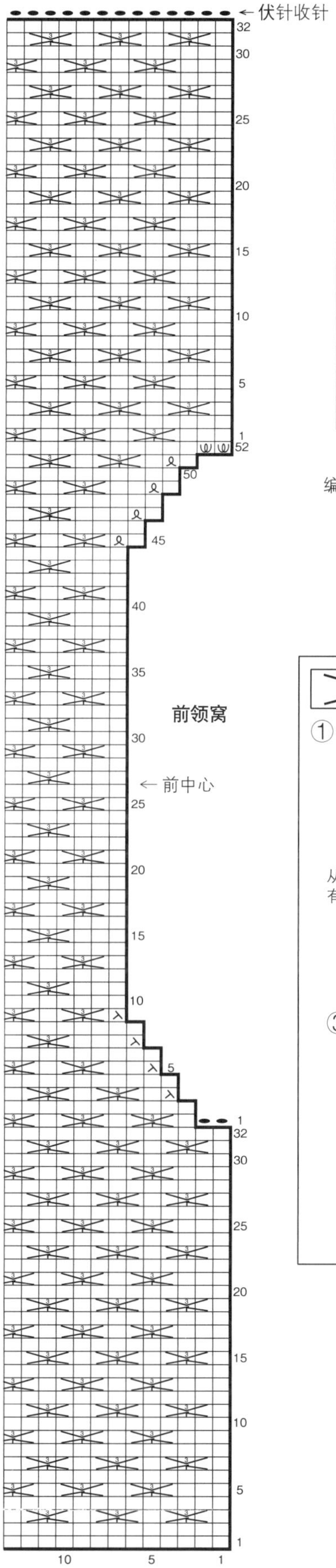

编织花样

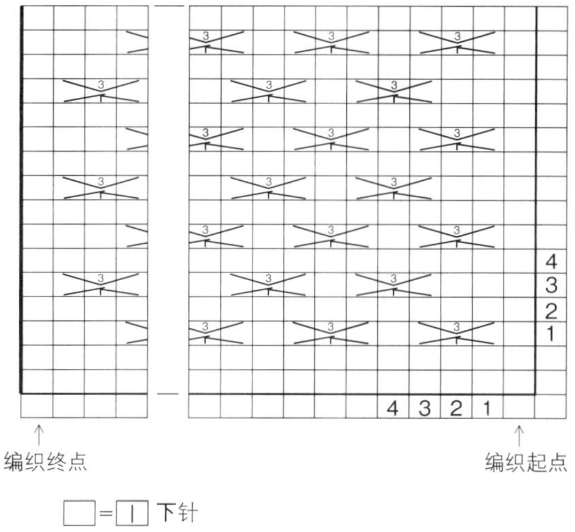

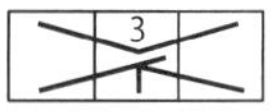

在左上3针并1针上放3针

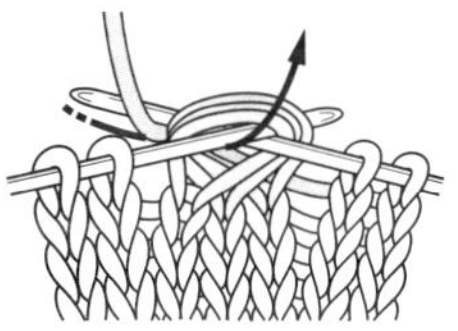

① 从3针左侧插入右棒针，挑起所有针目挂线并拉出。

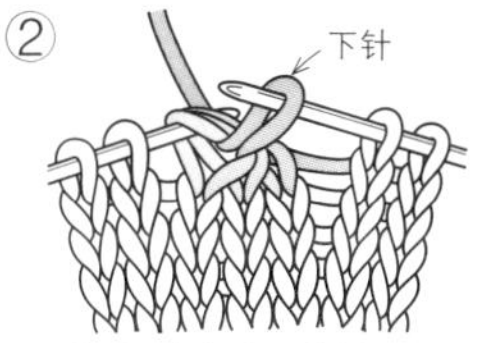

② 3针并1针完成。左棒针上的3针不取下。

③ 挂线，再次将右棒针插入3针编织下针。

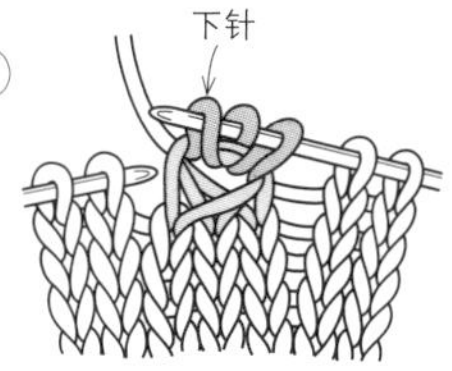

④ 取下左棒针，完成。

18、19 | 24、25页

●材料 Cotton Kona（粗）**作品18：**灰色（65）60g/2团，红色（53）、粉色（82）各40g/各1团。**作品19：**灰米色（64）60g/2团，黑色（18）、绿色（51）各40g/各1团

●工具 钩针7/0号、5/0号

●成品尺寸 **作品18：**宽27cm，深17cm。**作品19：**宽27cm，深19cm

●编织密度 正方形花片1片边长9cm

●编织要点 只有包绳取2根线钩织，其他均取1根线。作品18、19的包身均用连接花片的方法完成。花片环形起针，参照图示按照指定的配色钩织7行。花片A~F各钩织3片，参照图示排列好，做卷针缝缝合。包身前、后片正面相对对齐，在两侧和包底做引拔接合。钩织包绳，穿在指定位置。

包身（后片）
（连接花片）
5/0号针

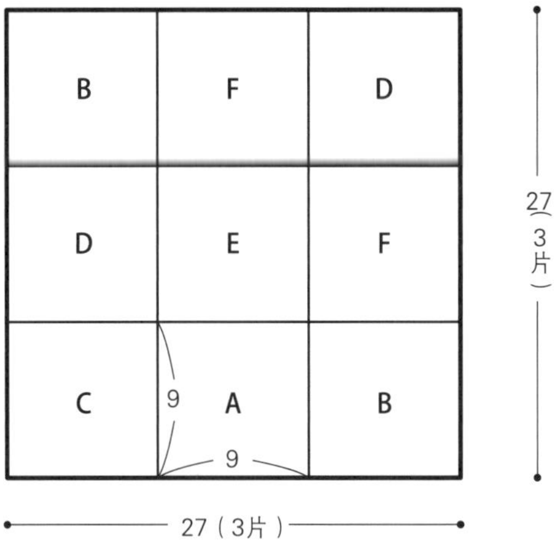

包身（前片）
（连接花片）
5/0号针

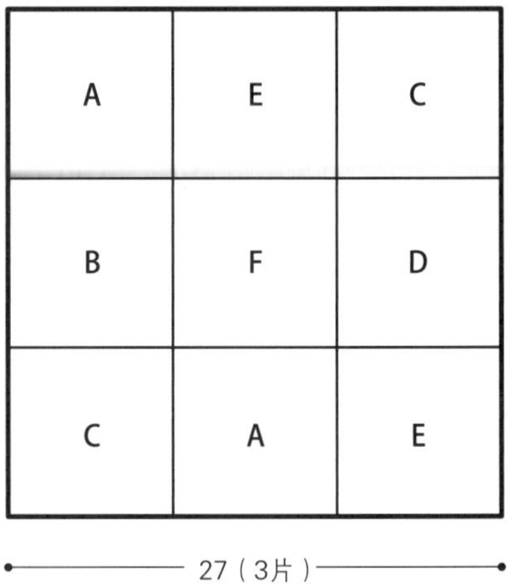

配色表

作品18

行数＼花片	A	B	C	D	E	F
5~7行	红色	灰色	粉色	红色	灰色	粉色
1~4行	灰色	红色	红色	粉色	粉色	灰色

作品19

行数＼花片	A	B	C	D	E	F
5~7行	黑色	灰米色	绿色	黑色	灰米色	绿色
1~4行	灰米色	黑色	黑色	绿色	绿色	灰米色

作品18

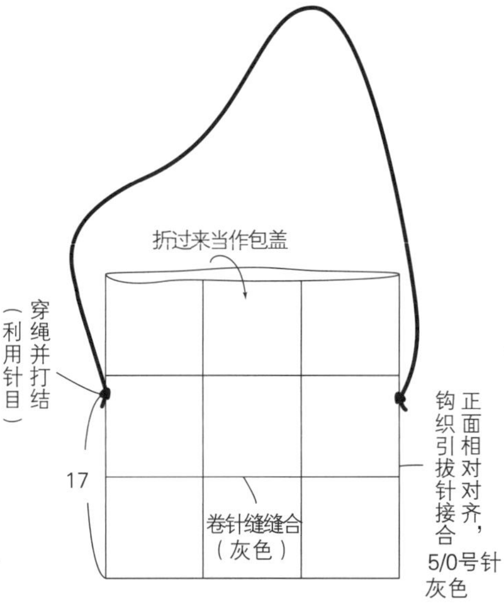

作品19

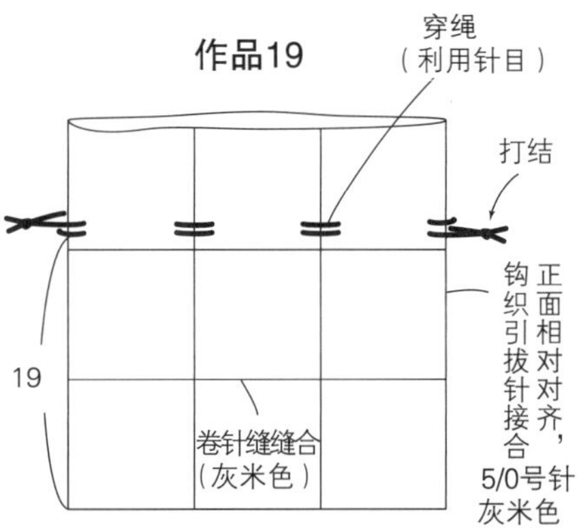

花片

18片（每色3片）
5/0号针

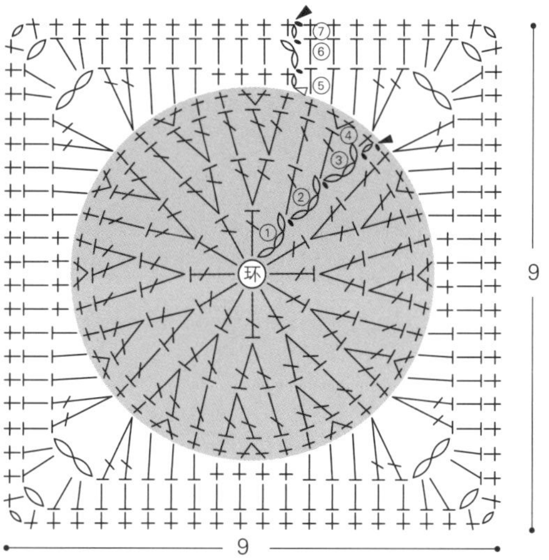

包绳 取2根线 7/0号针

作品18 2根 灰色

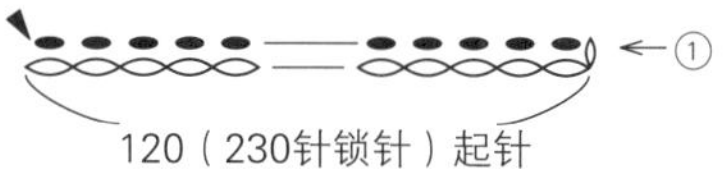

作品19 2根 灰米色

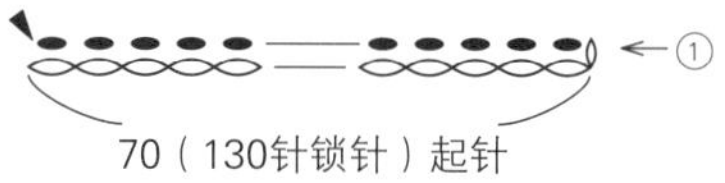

▷ =加线
◀ =剪线

花片的连接方法

20 | 26页

●**材料** Leafy（粗）**作品a**：卡其绿色（765）40g/1团。**作品b**：紫色系混合（748）40g/1团。宽4cm、长50cm的皮革提手2条

●**工具** 钩针6/0号

●**成品尺寸** 宽20cm，深17cm

●**编织密度** 10cm×10cm面积内：编织花样15针，10行

●**编织要点** 从包底开始钩织。线头环形起针，第1行在环形中钩织6针短针。参照图示，一边加针一边环形钩织12行，第13行钩织短针的反拉针。包身做编织花样A，包口做编织花样B。将提手缝在包包外侧。

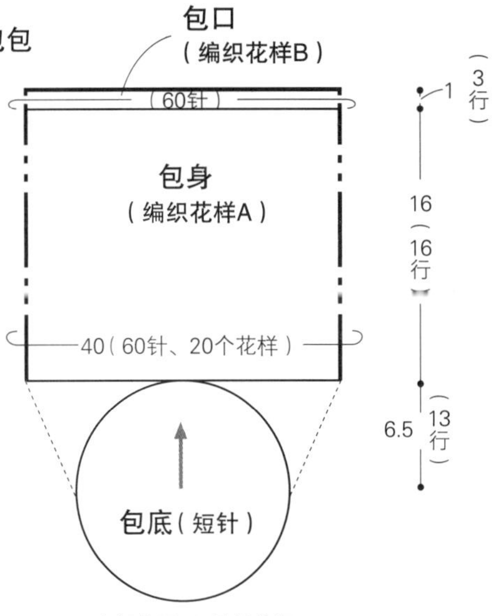

※全部使用6/0号针钩织

提手的安装方法

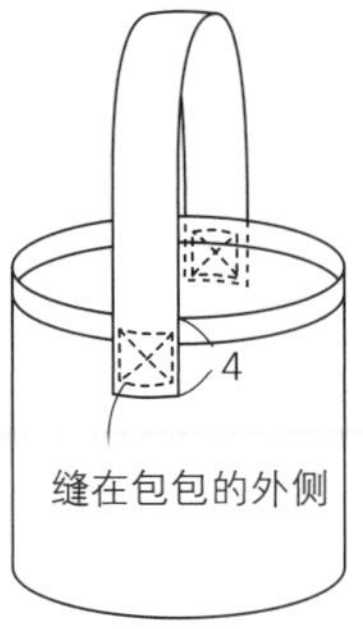

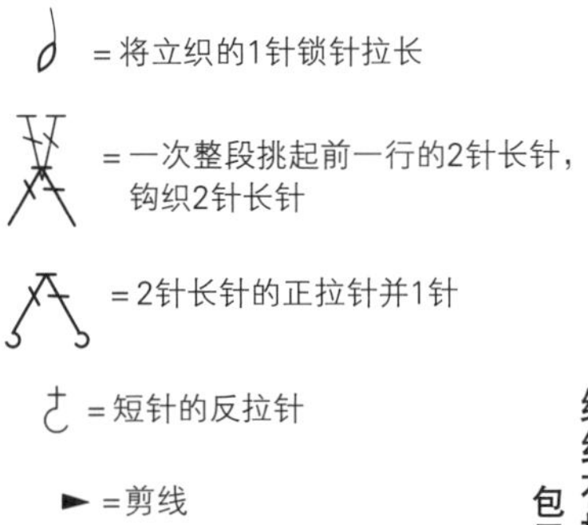

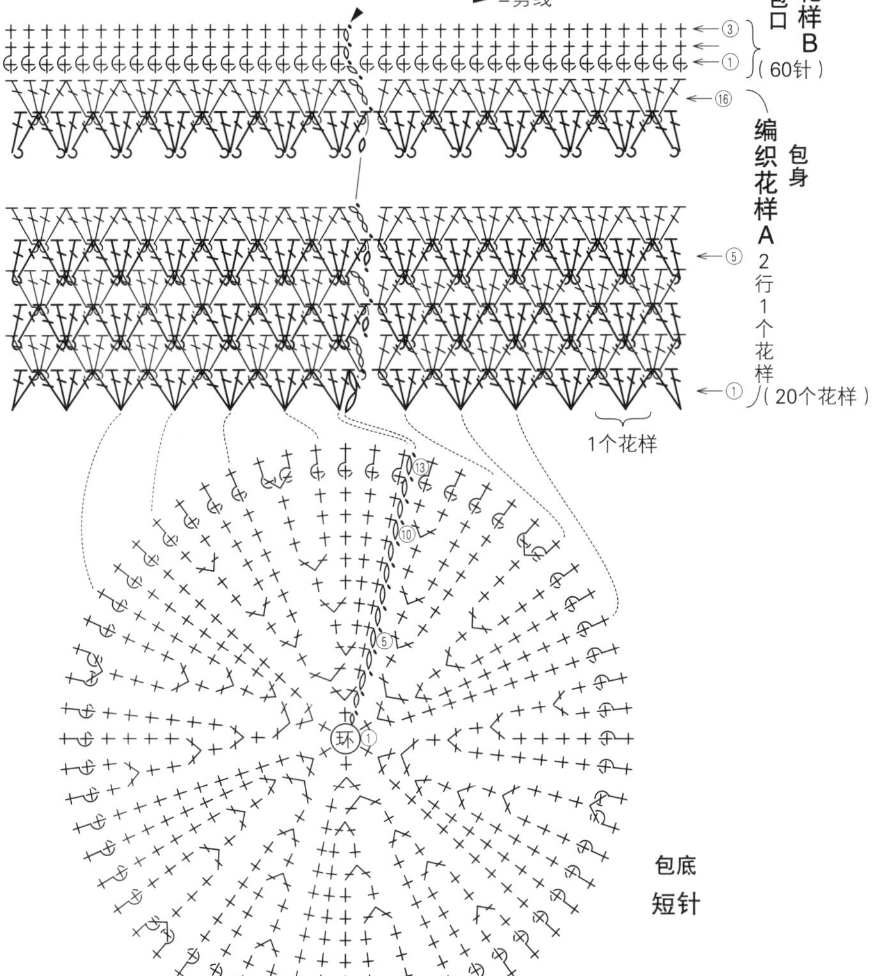

※包底第13行、包口第1行钩织短针的反拉针

包底的加针方法

行数	针数	加针方法
13行	60针	不加、减针
12行	60针	加6针
11行	54针	不加、减针
10行	54针	加6针
9行	48针	不加、减针
8行	48针	每行加6针
7行	42针	
6行	36针	
5行	30针	
4行	24针	
3行	18针	
2行	12针	
1行	6针	

21 | 27页

●**材料** Nuvola(中粗)**作品a**：薄荷绿色(403)50g/1团。**作品b**：黄色(413)50g/1团

●**工具** 钩针8/0号

●**成品尺寸** 宽26cm，深16cm

●**编织密度** 10cm×10cm面积内：编织花样4.5个花样，11行

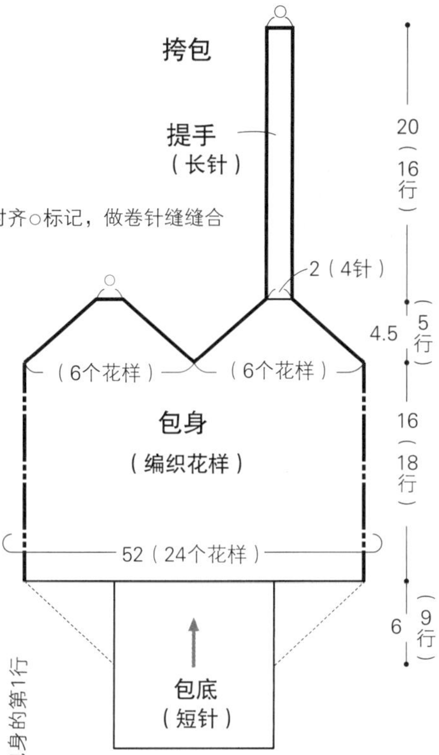

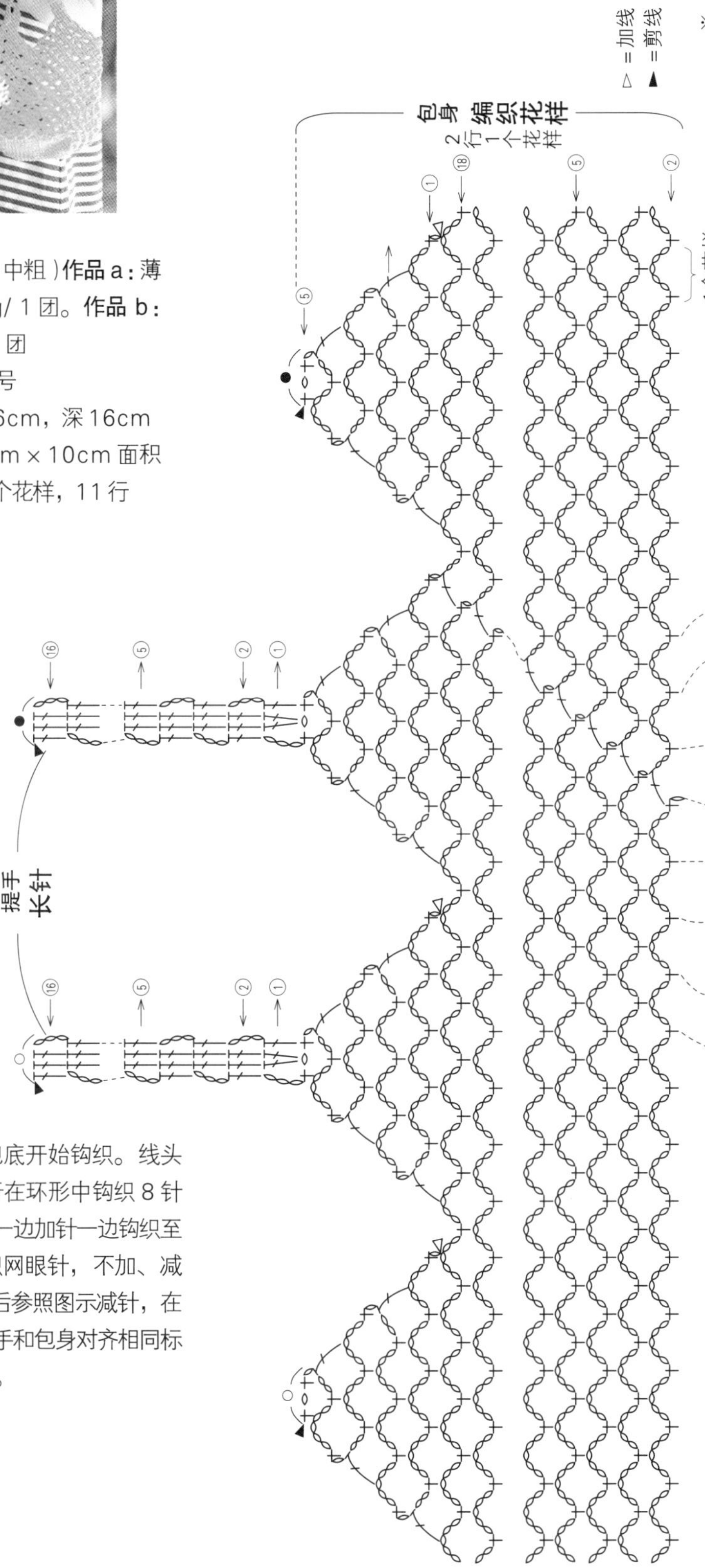

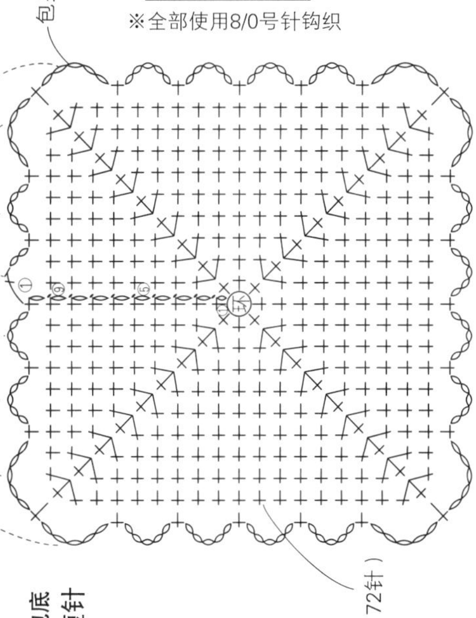

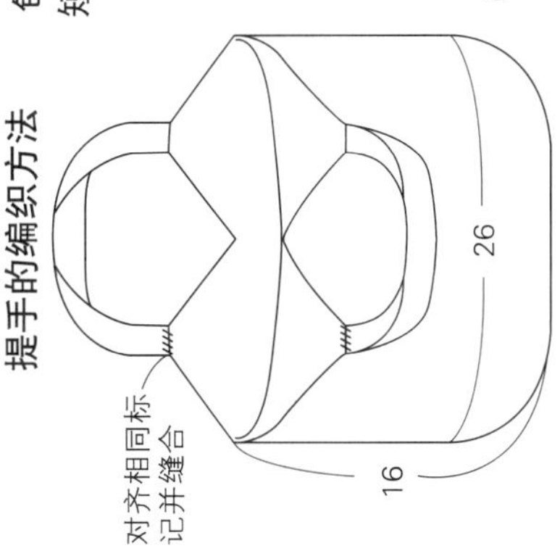

●**编织要点** 从包底开始钩织。线头环形起针，第1行在环形中钩织8针短针。参照图示，一边加针一边钩织至第9行。包身钩织网眼针，不加、减针钩织18行，然后参照图示减针，在两处连接提手。提手和包身对齐相同标记，做卷针缝缝合。

26 | 31页

●**材料** Nuvola（中粗）**作品a：**海军蓝色（405）100g / 2团，灰色（409）20g/1团。**作品b：**粉色（411）100g/2团，白色（401）20g/1团

●**工具** 钩针8/0号

●**成品尺寸** 宽21cm，深26.5cm

●**编织密度** 10cm×10cm面积内：短针16.5针，18.5行

●**编织要点** 包身锁针起针，挑起锁针的半针和里山钩织短针。将包身反面相对对齐，钩织短针接合。提手和包身的起针方法相同，钩织短针完成2条。在提手边缘钩织一圈短针。将提手缝在包身外侧。

挎包

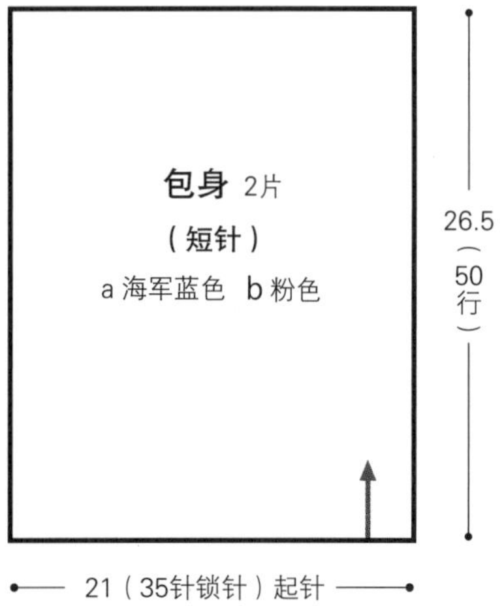

※全部使用8/0号针钩织

提手的安装方法

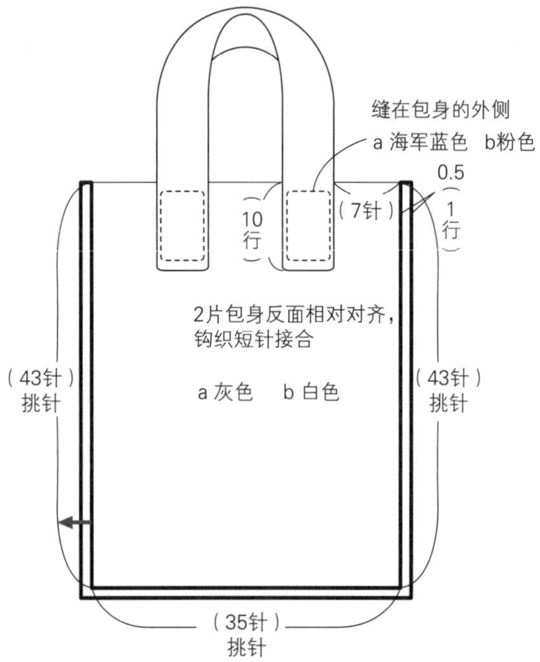

提手 2条
（短针）

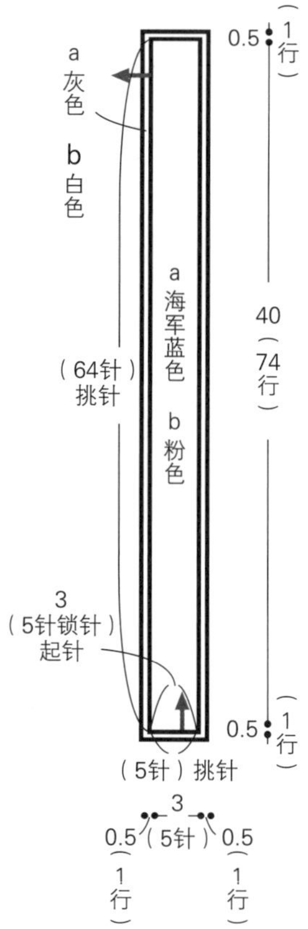

提手
短针

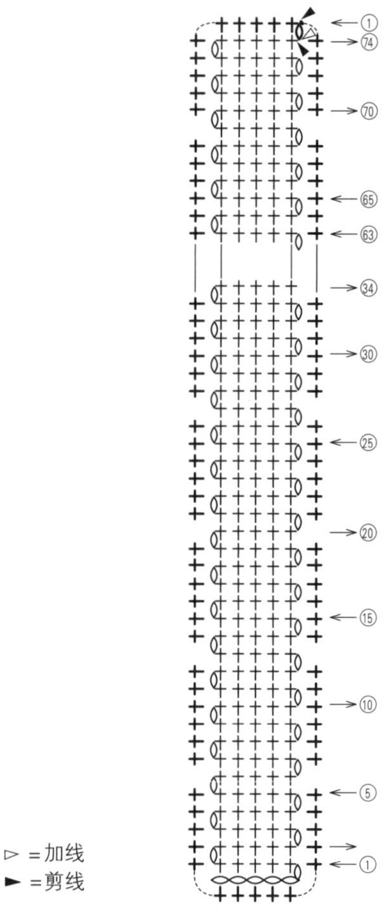

包身

短针

▷ =加线
► =剪线

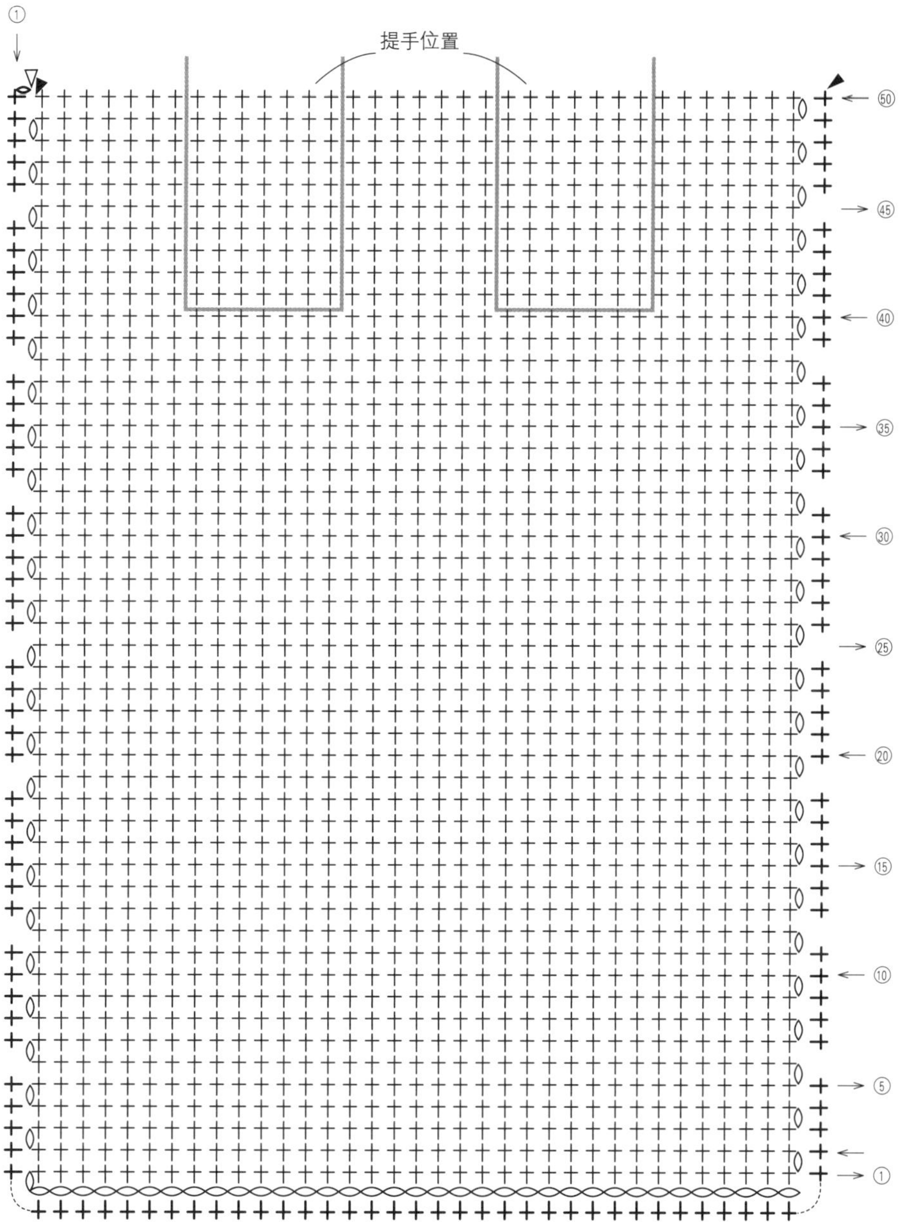

24 | 30页

●**材料** Nuvola（中粗）**作品a**：浅褐色（412）140g/3团。**作品b**：白色（401）140g/3团

●**工具** 钩针8/0号

●**成品尺寸** 宽24cm，深22cm

●**编织密度** 10cm×10cm面积内：编织花样A16针，11.5行

●**编织要点** 从包底开始钩织。线头环形起针，第1行在环形中钩织6针短针。参照图示钩织至第13行。包身不加、减针做编织花样A。包口做编织花样B。提手锁针起针，挑起锁针的半针做编织花样B，正面朝外，编织终点和起点对齐，做半针的卷针缝缝合成筒状，参照图示缝在挎包内侧。

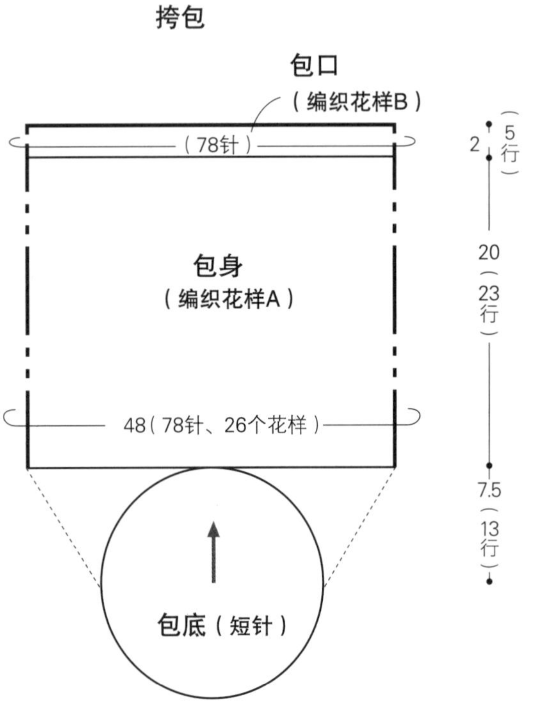

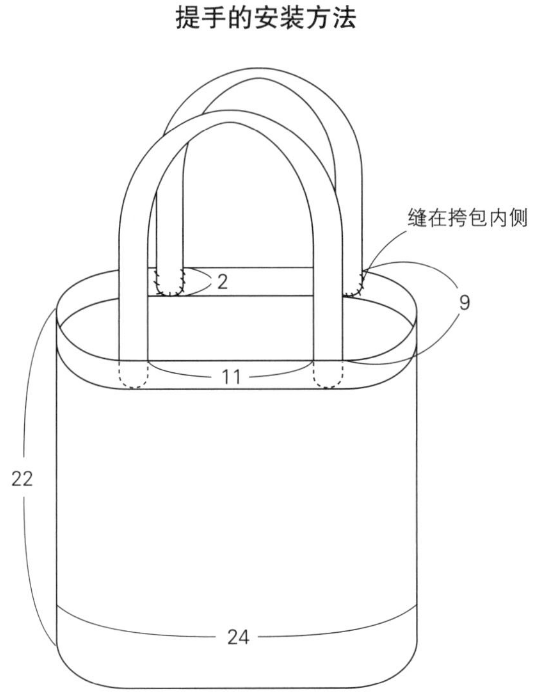

※全部使用8/0号针钩织

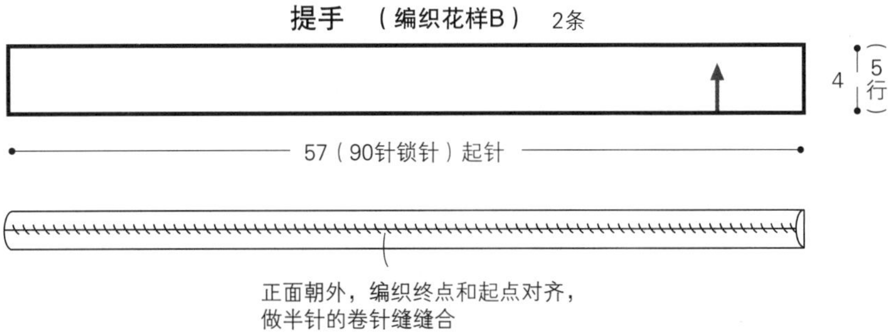

提手

编织花样B

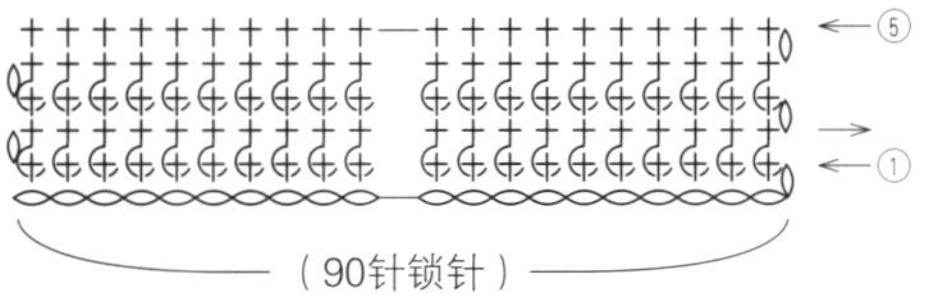

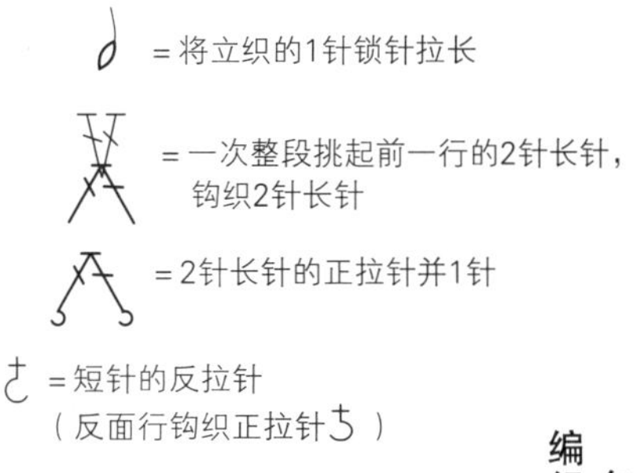

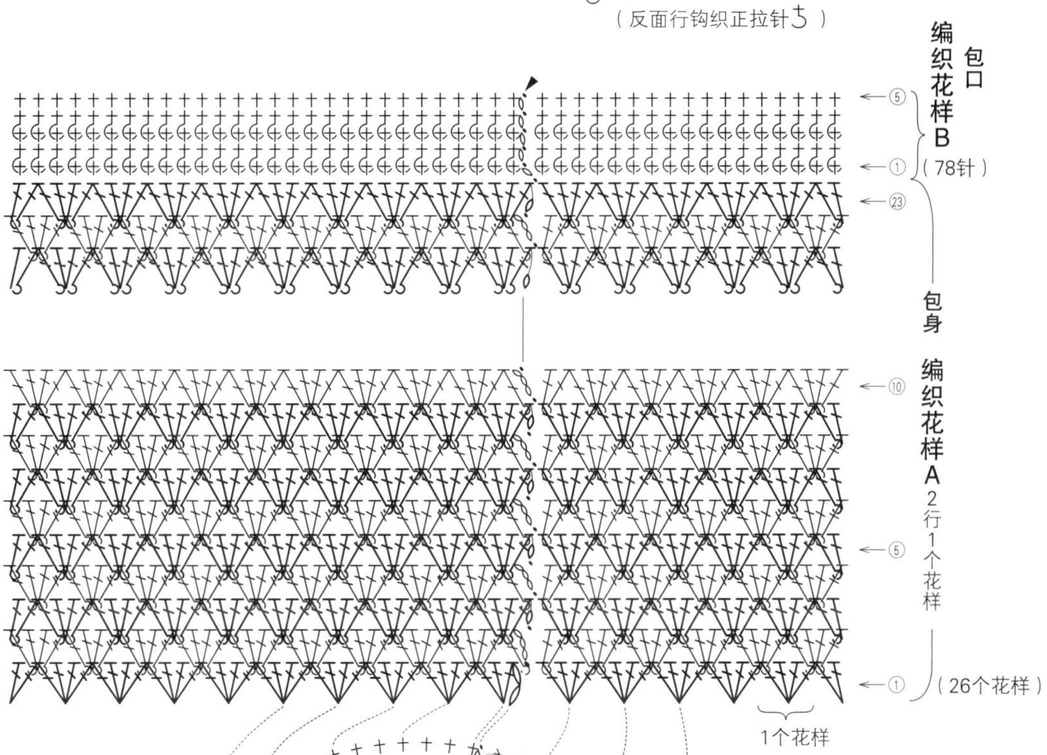

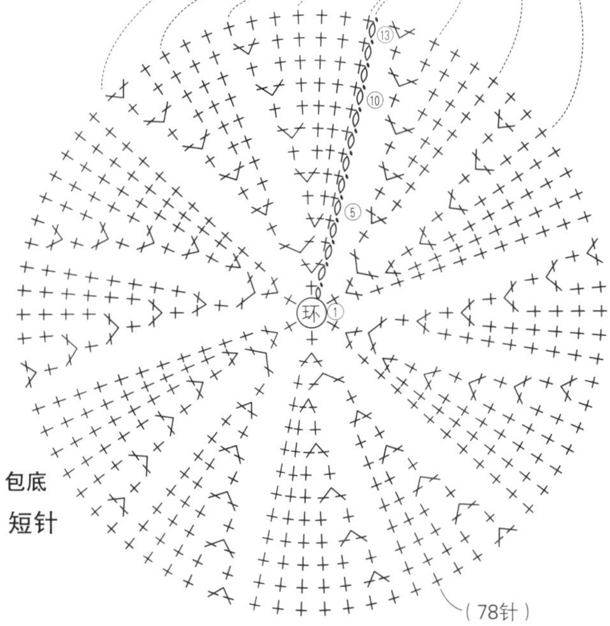

包底的加针方法

行数	针数	加针方法
13行	78针	每行加6针
12行	72针	
11行	66针	
10行	60针	
9行	54针	
8行	48针	
7行	42针	
6行	36针	
5行	30针	
4行	24针	
3行	18针	
2行	12针	
1行	6针	

22、23 | 28、29页

●**材料**　**作品 22**：Leafy（粗）淡灰色（760）95g/3 团；Nuvola（中粗）白色（401）35g/1 团，黄色（413）、灰色（409）各 30g/ 各 1 团，炭灰色（410）15g/1 团。**作品 23**：Leafy（粗）米色（761）145g/4 团；Nuvola（中粗）海军蓝色（405）45g/1 团，白色（401）、蓝色（404）各 40g/ 各 1 团，墨绿色（407）20g/1 团

●**工具**　钩针 8/0 号

●**成品尺寸**　**作品 22**：宽 34.5cm，深 27cm。**作品 23**：宽 46cm，深 29cm

●**编织密度**　花片 1 片 11.5cm × 11.5cm

●**编织要点**　取 2 根 Leafy 线和 1 根 Nuvola 线钩织。包身、包底均用连接花片的方法完成。花片用线头环形起针，第 1 行立织 3 针锁针，然后重复钩织“1 针锁针、2 针长针”，钩织 8 个编织花样。第 2~5 行一边配色一边按照图示钩织。第 2 片花片开始参照图示在最终行连接。包口、提手编织过程中，在提手位置钩织锁针，参照图示做编织花样。

完成图

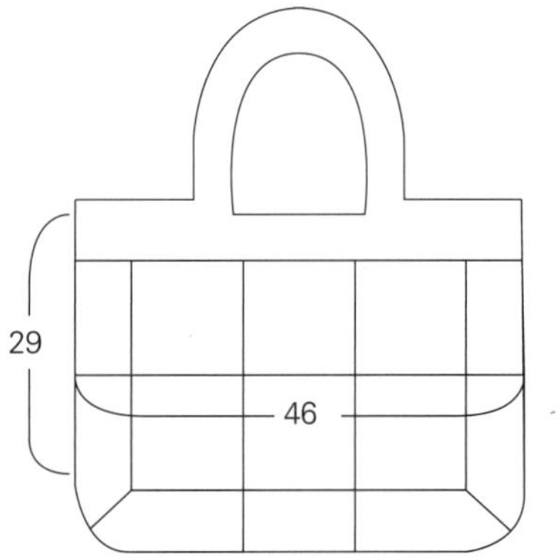

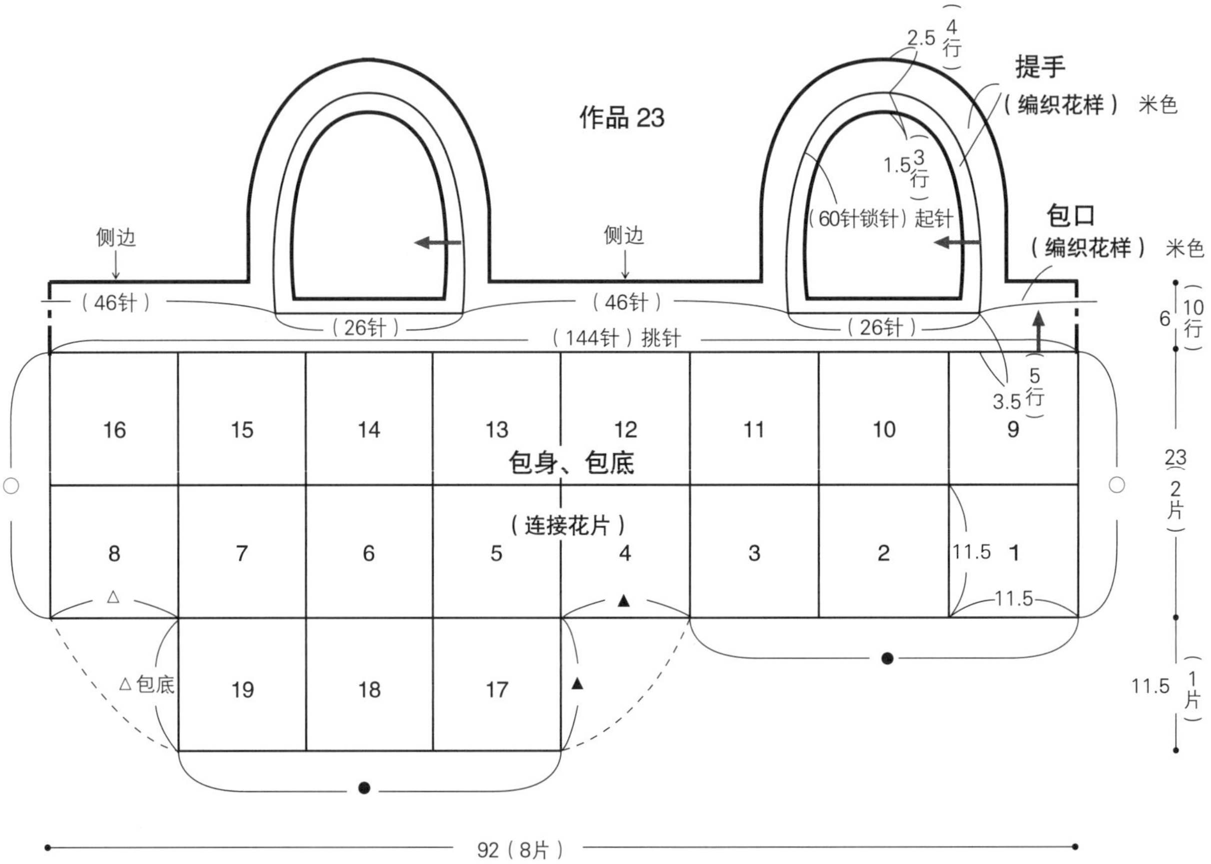

※全部使用8/0号针钩织，只有Leafy线（米色）需要取2根线钩织　※对齐相同标记（○、●、△、▲）连接

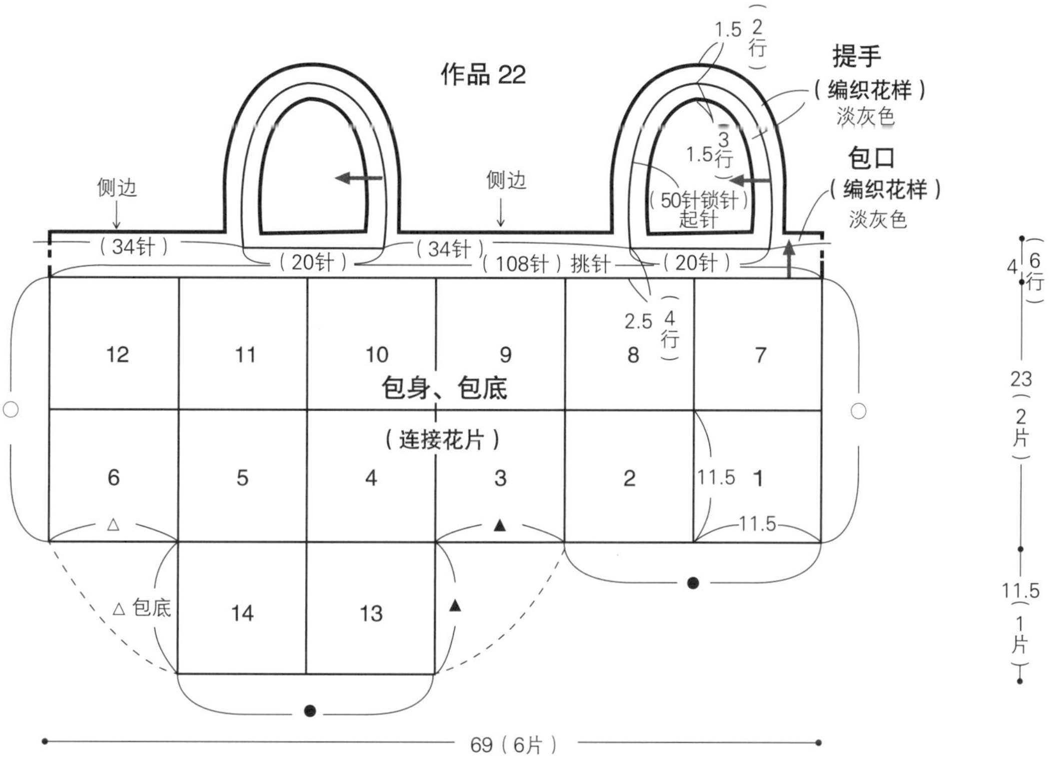

※全部使用8/0号针钩织，只有Leafy线（淡灰色）需要取2根线钩织

※对齐相同标记（○、●、△、▲）连接

配色表

行数	作品22	作品23
5行	淡灰色	米色
4行	白色	海军蓝色
3行	黄色	白色
2行	灰色	蓝色
1行	炭灰色	墨绿色

完成图

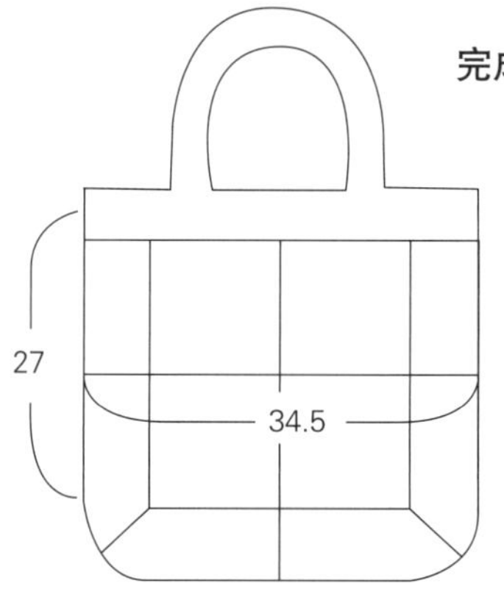

花片

▷ =加线
◀ =剪线

作品22＝14片　作品23＝19片

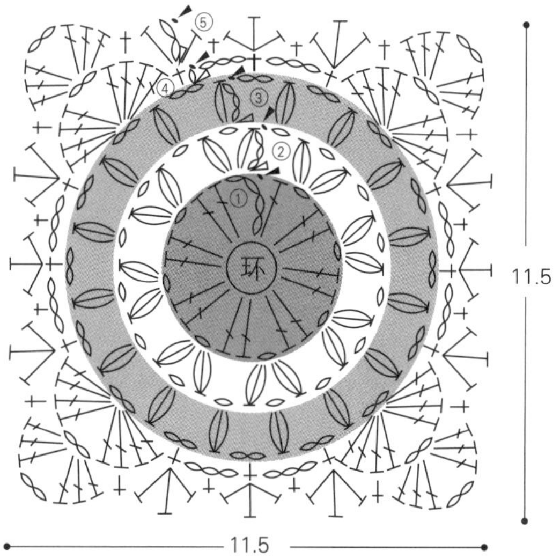

作品23的编织方法图

※花片的连接方法、包口的挑针方法
作品22、23通用

※中长针包住前一行的引拔针，编在前两行上

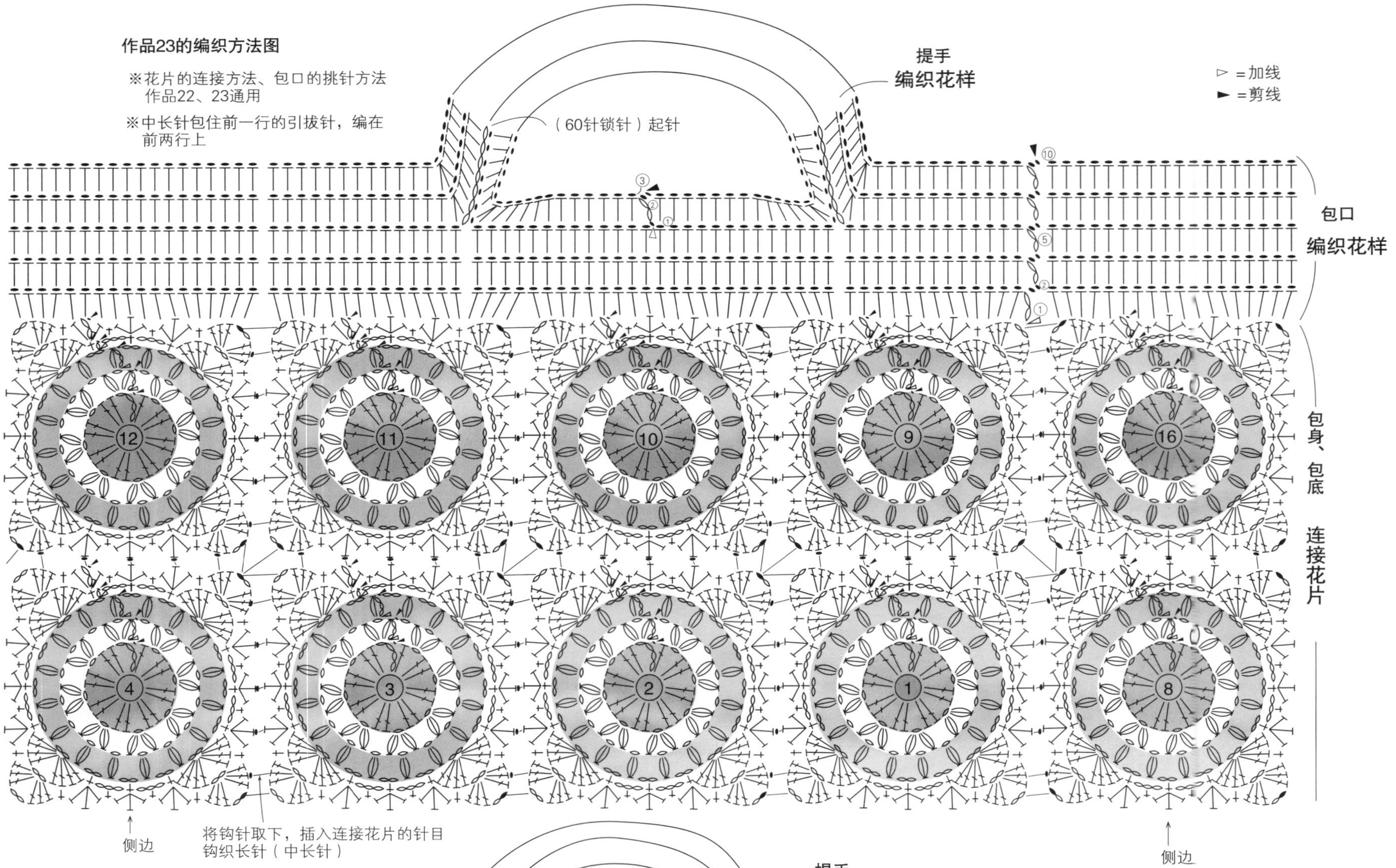

作品22的包口、提手编织方法图

※中长针包住前一行的引拔针，编在前两行上

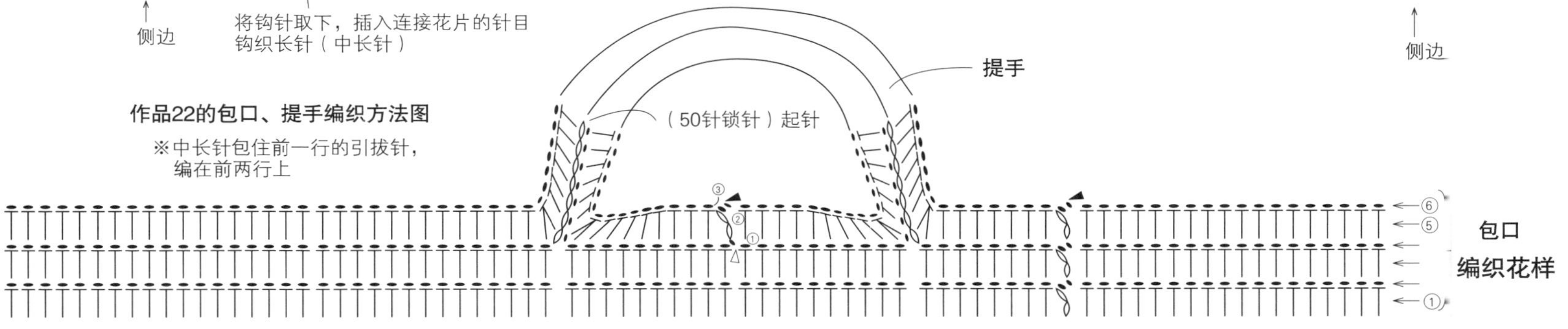

钩针编织基础

锁针起针

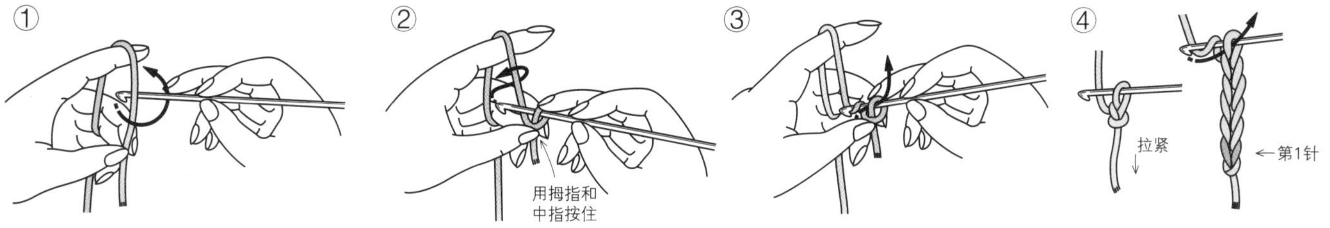

用长针连接花片的方法

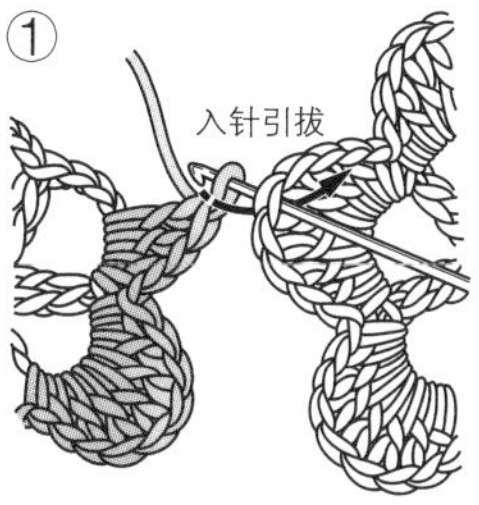

在连接位置抽出钩针，插入相邻花片长针旁边的锁针头部的2根线，然后再插入刚刚抽出钩针的针目，将针目拉出。

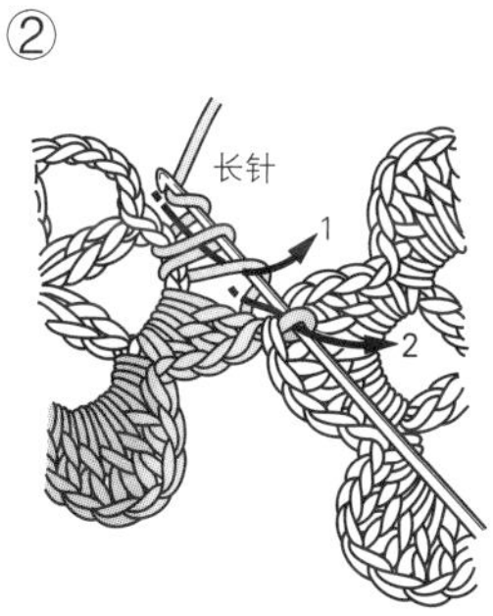

钩织长针，花片连在了一起。

环形起针（在食指上绕线）

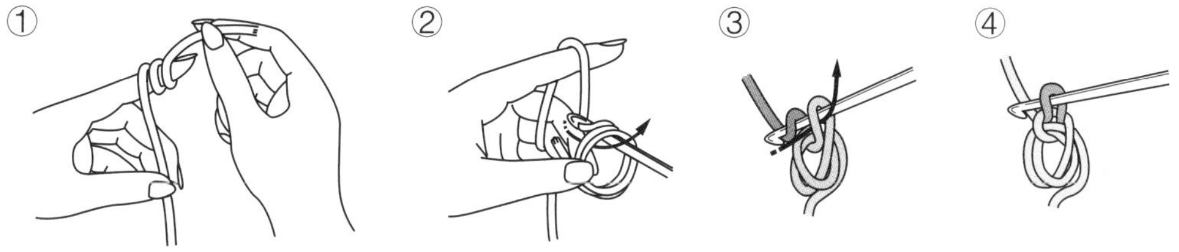

半针的卷针缝缝合

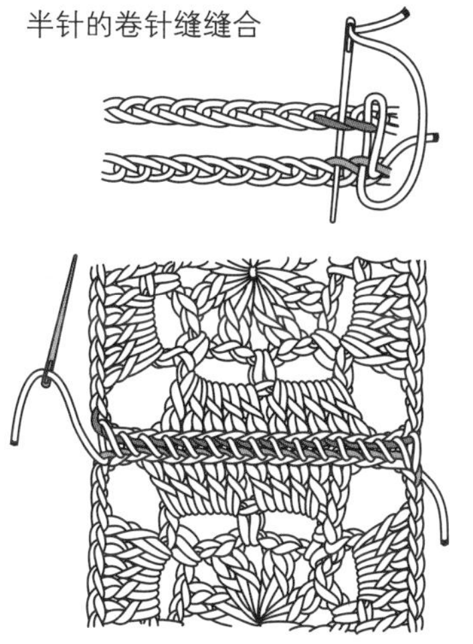

锁针和引拔针接合

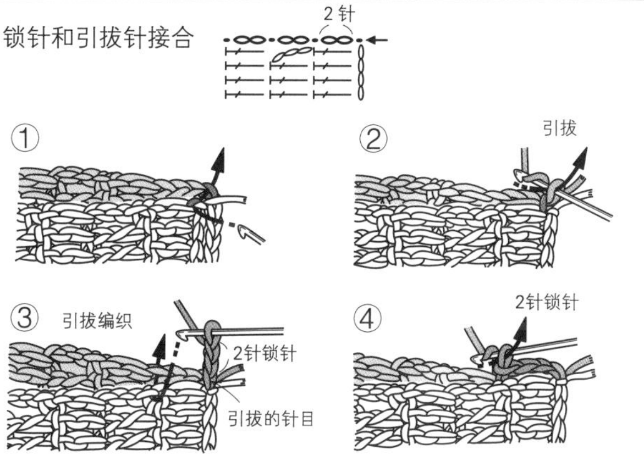

花片的连接方法（钩织引拔针连接）

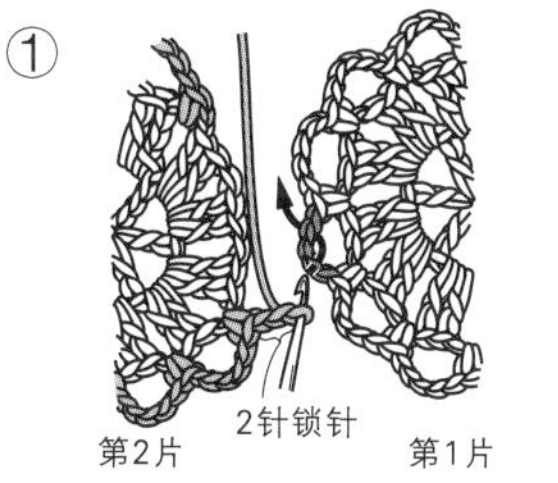

钩织连接处前面的2针锁针后，将钩针从正面插入第1片花片的锁针，整段挑织。

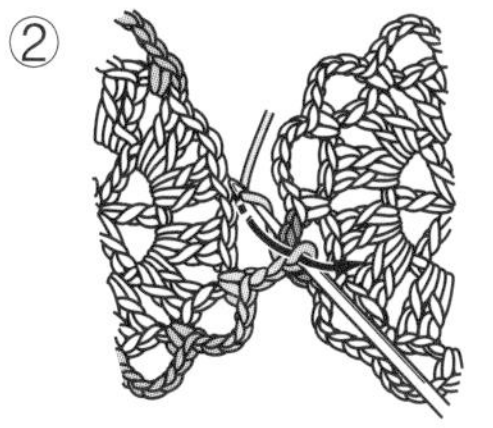

挂线并引拔出。

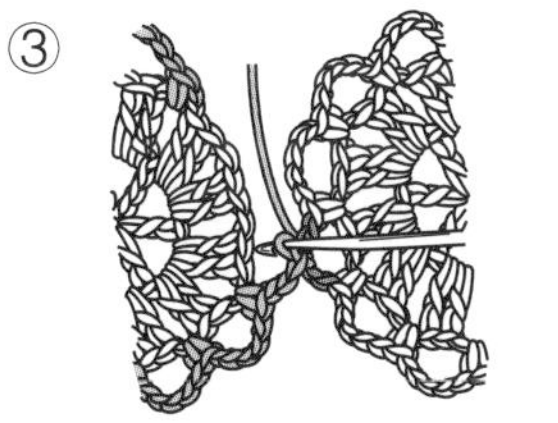

花片通过引拔针连接在了一起。

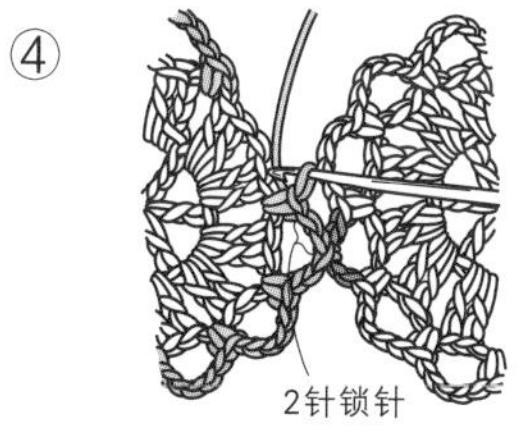

继续钩织2针锁针，然后将钩针插入第2片花片的挑针位置。

渡线

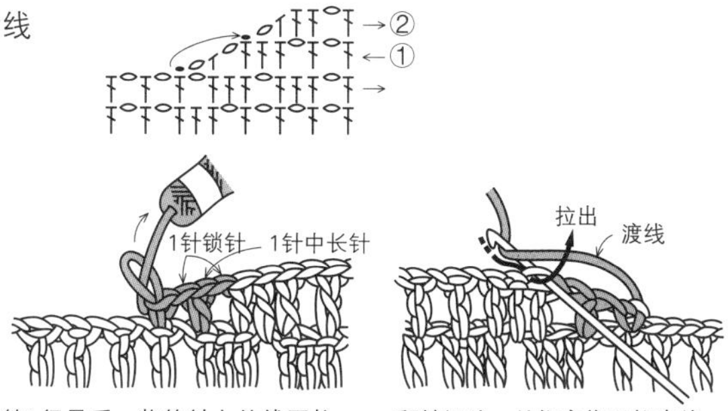

第1行最后，将钩针上的线圈拉大，将线团从中穿入，然后将针目拉紧。

翻转织片，从指定位置拉出线，继续编织。

图书在版编目（CIP）数据

欧洲编织. 19, 时尚靓丽的简约编织 / 日本宝库社编著；如鱼得水译. — 郑州：河南科学技术出版社，2022.8（2025.6重印）
ISBN 978-7-5725-0851-6

Ⅰ.①欧… Ⅱ.①日… ②如… Ⅲ.①手工编织–图解 Ⅳ.①TS935.5–64

中国版本图书馆CIP数据核字（2022）第105490号

出版发行：河南科学技术出版社
地址：郑州市郑东新区祥盛街27号　　邮编：450016
电话：（0371）65737028　65788613
网址：www.hnstp.cn
责任编辑：刘淑文
责任校对：王晓红
封面设计：张　伟
责任印制：宋　瑞
印　　刷：河南新达彩印有限公司
经　　销：全国新华书店
开　　本：889 mm × 1 194 mm　1/16　　印张：5.5　　字数：180千字
版　　次：2022年8月第1版　　2025年6月第3次印刷
定　　价：49.00元

如发现印、装质量问题，影响阅读，请与出版社联系并调换。